"十三五"江苏省高等学校重点教材

（2020-1-145）

XIANDAI XIANGJIAO JIAGONG GONGYI

现代橡胶加工工艺

第二版

侯亚合　宋帅帅　主编
聂恒凯　主审

U0376135

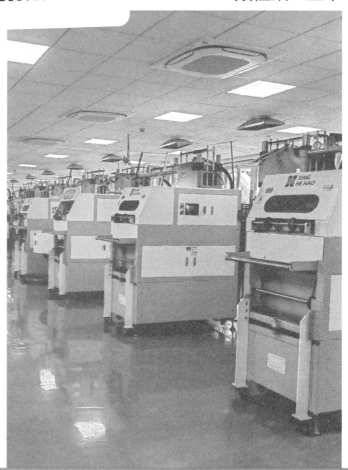

化学工业出版社

·北京·

内容简介

本书全面贯彻党的教育方针，落实立德树人根本任务，有机融入党的二十大和二十届三中全会等精神。全书共设置了6个典型项目、22个任务，以橡胶制品生产过程为主线，详细介绍了配合、塑炼、混炼、压延、挤出、硫化等内容。全书以企业生产实践中典型橡胶产品胶料制备为引领，通过项目任务的完成实现现代橡胶加工工艺基础知识学习和技能操作训练等。

本书紧密联系生产实际、图文并茂、深入浅出、内容丰富，反映了现代橡胶工业的发展趋势，注重绿色环保知识的普及与推广，体现高等职业教育特色。书中针对重难点内容配套数字化资源，便于自学和延伸学习；通过拓展阅读等栏目，拓宽学习者知识面。

本书可作为高等职业教育高分子材料智能制造技术、橡胶智能制造技术等专业及相关专业的教材，也可作为职业本科和中职高分子材料类专业的教材，还可供橡胶行业制品生产企业的技术人员、生产管理人员、产品研发人员学习、参考。

图书在版编目（CIP）数据

现代橡胶加工工艺／侯亚合，宋帅帅主编. -- 2版. --
北京：化学工业出版社，2024. 10. --（"十三五"江
苏省高等学校重点教材）. -- ISBN 978-7-122-46884-0

Ⅰ. TQ330. 1

中国国家版本馆 CIP 数据核字第 20248S3K46 号

责任编辑：提　岩　熊明燕　　　　文字编辑：邢苗苗
责任校对：王鹏飞　　　　　　　　装帧设计：张　辉

出版发行：化学工业出版社
　　　　　（北京市东城区青年湖南街 13 号　邮政编码 100011）
印　　装：河北延风印务有限公司
787mm×1092mm　1/16　印张 10½　字数 252 千字
2025 年 3 月北京第 2 版第 1 次印刷

购书咨询：010-64518888　　　　售后服务：010-64518899
网　　址：http://www.cip.com.cn
凡购买本书，如有缺损质量问题，本社销售中心负责调换。

定　　价：32.00 元　　　　　　　　版权所有　违者必究

　　《现代橡胶加工工艺》自出版以来，以其全面深入的内容、理论与实践的有机结合、专业性与实用性的有效融合以及图文并茂、直观易懂的编写方式等，深受读者喜爱。2019年荣获中国石油和化学工业优秀出版物奖（教材奖）二等奖，2020年入选"十三五"江苏省高等学校重点教材建设项目。

　　近年来，我国橡胶产业经历了飞速发展与技术革新，产业规模持续扩大，产值显著提升，新技术、新工艺、新材料以及新设备的应用已成为促进橡胶产业发展的关键力量，人工智能技术的应用也日益广泛，正推动着橡胶产业向智能化、绿色化、高效化方向发展。

　　根据教育部《职业教育专业目录（2021年）》《职业教育专业简介（2022年）》《高等职业学校专业教学标准》要求，对标新的高分子材料智能制造技术和橡胶智能制造技术专业人才培养方案，为达成新的课程教学目标，原教材内容需要修订；加之近年来高等职业教育教学改革持续深化，数字技术、人工智能技术得到广泛应用，原教材也需要进一步完善，以便很好地适应和满足新时代读者需要。因此，编者对《现代橡胶加工工艺》进行了修订。

　　本次修订全面贯彻党的教育方针，落实立德树人根本任务，有机融入党的二十大和二十届三中全会等精神，将创新、协调、绿色、开放、共享的新发展理念融入教材内容，以专业能力培养为主线，突出橡胶专业教育特色，融入德育元素，弘扬劳动光荣，树立专业自信，对新标准、新知识、新技术等进行了更新和补充。在内容的编写上，仍力求从生产实际出发，反映现代橡胶工业的发展水平和发展方向；以企业典型生产实践项目为载体，体现高等职业教育特色。书中针对重难点内容配套了数字化资源，便于自学和延伸学习；通过拓展阅读等栏目，融入具有橡胶专业特色的德育元素，培养专业自信和行业自豪感。

　　本书由徐州工业职业技术学院侯亚合、宋帅帅担任主编。具体编写分工为：项目1由徐州工业职业技术学院姚亮、侯亚合编写；项目2由侯亚合、宋帅帅、姚亮编写；项目3由姚亮、徐州工业职业技术学院张东东、侯亚合编写；项目4由宋帅帅、徐州工业职业技术学院孙逊编写；项目5由孙逊、徐州工业职业技术学院侯占峰、侯亚合和徐州徐轮橡胶股份有限公司韦帮风编写；项目6由宋帅帅、韦帮风编写。全书典型生产实践项目由韦帮风、侯亚合设计，数字化资源由宋帅帅设计。全书由侯亚合、宋帅帅统稿，徐州工业职业技术学院聂恒凯教授主审。

　　本次修订得到了青岛科技大学刘伟副教授、南京工业大学张仕明教授、徐州徐轮橡胶股份有限公司陈忠生高级工程师、徐州工业职业技术学院朱信明教授和翁国文教授等专家的大力支持和帮助，在此深表感谢！徐州工业职业技术学院柳峰、丛后罗、张馨、杨慧、王国志等老师也参与了课程数字化资源的制作，在此也一并致谢！

　　由于编者水平所限，书中不足之处在所难免，敬请广大读者批评指正。

编者
2024年8月

橡胶是国民经济发展的重要材料，不但为居民提供日常生活和医疗用品，而且在建筑、交通、航天、电子和军事等方面有着非常广泛的应用，是一种重要的战略资源。近年来，随着我国整体经济的发展和科学技术水平的提高，橡胶工业规模不断壮大，产值也明显得到提升。据统计，2016年我国橡胶消费930万吨（其中：天然橡胶490万吨，合成橡胶440万吨），占据了全球橡胶消费量的1/3，已成为全球最大的橡胶消费国和橡胶制品生产国。

近十年来，我国橡胶工业发生了革命性巨变，各种新材料、新设备、新工艺、新产品不断涌现，产品质量和生产过程自动化程度日趋提高，已形成初具规模的橡胶工业体系。但同时我们应看到，中国的橡胶工业与世界先进水平相比还有很大差距，无论是从业人员素质、生产效率、产品品种和数量，还是自动化、联动化、精准度水平，都不能与现代化建设的需要相适应，很多橡胶材料生产、产品设计、加工工艺的尖端技术仍然由其他先进国家所掌握。

本教材根据高职院校高分子材料类专业人才培养目标，以现代橡胶企业实际生产过程为基础，从生产过程实际出发，介绍了橡胶加工基本理论、基本工艺和先进技术，能够反映现代橡胶加工工艺的现有水平和发展方向。教材编写力求体现高职教育的特色，以实用和够用为目的，每章开始都注明学习目标，章末都有一定数量的练习题，内容呈现图文并茂，直观形象，并附有很多真实案例。

本教材是在《橡胶通用工艺》基础上修订，并根据实际需要更名为《现代橡胶加工工艺》。

本书第一章由徐州工业职业技术学院侯亚合编写，第三章由侯亚合和徐州徐轮橡胶股份有限公司韦帮风共同编写，第二章、第五章由徐州工业职业技术学院姚亮编写，第四章、第六章由徐州工业职业技术学院宋帅帅编写，全书由侯亚合、聂恒凯统稿。

在编写过程中，徐州工业职业技术学院朱信明教授、翁国文教授、丛后罗博士、刘琼琼教授和徐州徐轮橡胶股份有限公司韦帮风总工、徐州华辰胶带有限公司谢德伦总工等橡胶技术专家和工程技术人员给予了大力支持和帮助，提供了有关技术资料和图片，并提出了许多宝贵的意见，在此一并致谢。

由于编者专业技术水平和编写经验有限，书中不足之处在所难免，恳请广大读者批评指正。

编者
2017年6月

项目 4 橡胶压延工艺 ————————————————— 82

项目 5 橡胶挤出工艺 ————————————————— 106

项目 6　橡胶硫化工艺 — 126

二维码资源目录

序号	资源名称	资源类型	页码
27	密炼机混炼	微课	63
28	压延效应解析	微课	87
29	压延前的准备工作	微课	88
30	压片工艺操作	微课	92
31	压型工艺操作	微课	94
32	擦胶工艺操作	微课	97
33	压延工艺质量问题分析	微课	102
34	胶料在挤出过程中的运动状态分析	微课	108
35	挤出变形解析	微课	111
36	挤出口型设计	微课	112
37	热喂料挤出工艺操作	微课	117
38	冷喂料挤出工艺操作	微课	119
39	挤出工艺质量问题分析	微课	122
40	硫化	微课	126
41	橡胶的硫化历程	微课	126
42	硫化温度如何选择	微课	133
43	硫化压力的确定	微课	134
44	硫化时间如何调整	微课	136
45	硫化介质的选用	微课	143
46	硫化工艺方法简介	微课	144
47	硫化工艺质量问题分析	微课	154

项目描述

　　根据项目胶料的要求，分析配方的合理性，能够从工程的角度进行生产配方有关计算、产品成本核算；掌握原材料加工、配合的基础知识和操作规范。

任务 1　橡胶配方分析

1.1　橡胶配方基础

1.1.1　配方概念

　　橡胶配方是表示胶料中各种材料（橡胶和配合剂）种类、规格、配比（用量）的方案（表）。随着科技发展对橡胶制品性能要求的不断提高和新材料、新技术的不断涌现，橡胶配方中除了已有的生胶、硫化体系、补强填充体系、防护体系以及软化增塑体系外，为了赋予胶料特殊的性能，还经常使用一些特殊用途的助剂，例如防焦剂、塑解剂、分散剂、增容剂、硬化剂、增黏剂、防黏剂、润滑剂、脱模剂、消泡剂、增量剂、抗静电剂、阻燃剂、芳香剂、除臭剂、改性剂、均化剂、发泡剂、发泡助剂、着色剂等，因此配方设计现已发展到如下组分：①主体材料（天然橡胶、合成橡胶、橡胶与树脂共混物等）；②硫化体系；③补强、填充体系；④防护体系；⑤加工工艺、操作体系；⑥特殊性能体系。有时为了达到某种特殊性能或工艺需要，也可以把不同体系的配合剂预制成一种新的混合型配合剂。此外有时为了便于配方的管理和使用，可注明配方胶料名称、配方胶料用途、配方胶料代号、配方胶料性能参数、配方胶料主要工艺方法和工艺条件等。配方的核心是配方中材料、规格和配比。

　　配方设计就是根据产品的性能要求和工艺条件，通过试验、优化、鉴定，合理地选用原材料，确定各种原材料的用量配比关系的过程。

　　【橡胶配方是由多种配合体系构成的，需要各配合剂协同配合，方可制造出性能优异的橡胶产品。团队也是一样，需要各成员的通力配合，方可发挥出强大战斗力和创造力。】

1.1.2　配方类型

　　橡胶配方按用途可分为基础配方、性能配方、实用配方三种。

（1）基础配方　基础配方又称标准配方，一般是以生胶和配合剂的鉴定为目的。当某种橡胶和配合剂首次面世时，以此检验其基本的加工性能和物理性能。其设计的原则是采用传统的配合量，以便对比；配方应尽可能地简化，重现性较好。基础配方仅包括最基本的组分，由这些基本的组分组成的胶料，既可反映出胶料的基本工艺性能，又可反映硫化胶的基本物理性能。可以说，这些基本组分是缺一不可的。在基础配方的基础上，再逐步完善、优化，以获得具有某些特性的性能配方。不同部门的基础配方往往不同，但同一胶种的基础配方基本上大同小异。

天然橡胶（NR）、异戊橡胶（IR）和氯丁橡胶（CR）可用不加补强剂的纯胶配合，而一般合成橡胶的纯胶配合，其力学性能太差而无实用性，所以要添加补强剂。目前较有代表性的基础配方实例是以 ASTM（美国材料试验协会）作为标准提出的各类橡胶的基础配方。硅橡胶配方一般应包括补强剂（白炭黑）、结构控制剂。硫化剂的用量可根据填料用量而变化，硫化剂多用易分散的含量为 50％的膏状物。

在设计基础配方时，ASTM 规定的标准配方和合成橡胶厂提出的基础配方是很有参考价值的。基础配方最好根据本单位的具体情况进行拟定，以本单位积累的经验数据为基础。还应该注意分析同类产品和类似产品现行生产中所用配方的优缺点，同时也要考虑新产品生产过程中和配方改进中新技术的应用。

（2）性能配方　性能配方又称技术配方，是为满足产品的工艺性能要求、提高某种特性等而设计的配方。性能配方应在基础配方的基础上全面考虑各种性能的搭配，以满足制品使用条件的要求为准。通常研制产品时所做的试验配方就是性能配方，是配方设计者用得最多的一种配方。

（3）实用配方　实用配方又称生产配方，是为制造某一具体制品及满足具体生产工艺而设计的配方。

在实验室条件下研制的配方，其试验结果并不是最终的结果，往往在投入生产时会产生一些工艺上的困难，如焦烧时间短、挤出性能不好、压延粘辊等，这就需要在不改变基本性能的条件下，进一步调整配方。在某些情况下不得不采取稍稍降低物理性能和使用性能的方法来调整工艺性能，也就是说在物理性能、使用性能和工艺性能之间进行折中。胶料的工艺性能，虽然是个重要的因素，但并不是绝对的、唯一的因素，往往由技术发展条件所决定。生产工艺和生产装备技术的不断完善，会扩大胶料的适应性，例如准确的温度控制以及自动化连续生产过程的建立，就使我们有可能对以前认为工艺性能不理想的胶料进行加工了。但是无论如何，在研究和应用某一配方时，必须考虑具体的生产条件和现行的工艺要求。换言之，配方设计者不仅要负责成品的质量，同时也要充分考虑在现有条件下，配方在各个生产工序中的适用性。

实用配方即是在前两种配方（基本配方、性能配方）试验的基础上，结合实际生产条件所作的实用投产配方。实用配方要全面考虑使用性能、工艺性能、体积成本、设备条件等因素，最后选出的实用配方应能够满足工业化生产条件，使产品的性能、成本、长期连续工业化生产工艺达到最佳的平衡。

1.1.3　配方表示形式

同一个橡胶配方，根据不同的需要可以用 4 种不同的形式来表示。即基本配方、质量分数配方、体积分数配方和生产配方（见表 1-1）。

表 1-1 橡胶配方的表示形式

原材料名称	基本配方/质量份	质量分数配方/%	体积分数配方/%	生产配方/kg
NR(天然橡胶)	100	62.11	76.70	50.0
硫黄	3	1.86	1.03	1.5
促进剂 M	1	0.62	0.50	0.5
氧化锌	5	3.11	0.63	2.5
硬脂酸	2	1.24	1.54	1.0
炭黑	50	31.06	19.60	25.0
合计	161	100.00	100.00	80.5

（1）基本配方 以质量份来表示的配方，其中规定生胶的总质量份为100份，其他配合剂用量都以相应的质量份表示，这种配方称为基本配方。这是最常见的一种配方形式，用于配方设计、配方研究和实验室等。

（2）质量分数配方 以质量分数来表示的配方，即以胶料总质量为100%，生胶及各种配合剂都以质量分数来表示。这种配方可以直接从基本配方导出。

质量分数配方是以基本配方的总质量为100%，然后求出生胶及各种配合剂所占总质量的百分数。即：

$$生胶和各种配合剂的质量分数 = \frac{生胶和各种配合剂的质量份}{胶料总质量份} \times 100\%$$

（3）体积分数配方 以体积分数来表示的配方，即以胶料的总体积为100%，生胶及各种配合剂都以体积分数来表示。

这种配方也可从基本配方导出，其算法是将基本配方中生胶及各种配合剂的质量份分别除以各自的密度，求出它们的体积份，然后以胶料的总体积为100%，分别求出它们的体积分数。

$$生胶和各种配合剂的体积份 = \frac{生胶和各种配合剂的质量份}{生胶和各种配合剂的密度}$$

$$生胶和各种配合剂的体积分数 = \frac{生胶和各种配合剂的体积份}{胶料总体积份} \times 100\%$$

体积分数配方示例见表 1-2。

表 1-2 体积分数配方示例

原材料名称	基本配方/质量份	相对密度	体积份	体积分数/%
NR	100	0.92	108.70	76.70
硫黄	3	2.05	1.46	1.03
促进剂 M	1	1.42	0.70	0.50
氧化锌	5	5.57	0.90	0.63
硬脂酸	2	0.92	2.18	1.54
炭黑	50	1.80	27.78	19.60
合计	161		141.72	100.00

注：体积分数配方常用于按体积计算成本。

（4）生产配方 符合生产使用要求的质量配方，称为生产配方。生产配方的总质量常等于炼胶机的容量，各种炼胶机的容量可依据有关公式进行计算或按实际生产情况进行统计。

使用开炼机混炼时，炼胶的容量 Q，用下列经验公式计算：

$$Q = DL\gamma k \tag{1-1}$$

式中　Q——炼胶机装胶量，kg；

　　　　D——辊筒直径，cm；

　　　　L——辊筒长度，cm；

　　　　γ——胶料密度，kg/L；

　　　　k——系数，一般 $k = 0.0065 \sim 0.0085$，L/cm^2。

Q 除以基本配方总质量即得换算系数 a：

$$a = \frac{Q}{\text{基本配方总质量}}$$

$$\text{生产配方} = \text{基本配方} \times \text{换算系数} \, a$$

用换算系数 a 乘以基本配方中各组分的质量份，即可得到生产配方中各组分的实际用量。

【当我们习惯于对事物进行全方面描述时，会逐渐培养出一种全面思考的习惯。这种习惯有助于我们在面对复杂问题时，能够综合考虑多个因素、多个角度，从而做出更加明智和合理的决策。】

1.2　橡胶配方计算

1.2.1　母炼胶的配方换算

生产中有些配合剂为了便于称量、便于加入、减少损耗、减少飞扬、配方保密等，常以母炼胶形式存在，因而配方计算存在相应转换。其相应转换方式有以下两种。

方法 1：将基本配方转化成母炼胶形式的基本配方再转化为生产配方。注意在转化为母炼胶基本配方时要扣除母胶中其余配合剂的用量，不能重复计算。

方法 2：将基本配方转化成生产配方（暂不考虑母胶），再转化为母炼胶的生产配方。同样注意扣除母炼胶配方中各组分的质量。

在实际生产中，有些配合剂往往以母炼胶或膏剂的形式进行混炼，因此使用母炼胶或膏剂的配方应进行换算。

例如，现有如下基本配方：

原材料名称	质量份	原材料名称	质量份
NR	100.00	硬脂酸	3.00
硫黄	2.75	防老剂 A	1.00
促进剂 M	0.75	高耐磨炉黑（HAF）	45.00
氧化锌	5.00	合计	157.50

其中促进剂 M 以母炼胶的形式加入。M 母炼胶的质量分数配方为：

NR	90.00
促进剂 M	10.00
合计	100.00

上述 M 母炼胶配方中 M 的含量为母炼胶总量的 1/10，而原基本配方中 M 用量为 0.75

质量份，所需 M 母炼胶为：

$$\frac{0.75}{x} = \frac{1}{10}$$

$x = 7.50$，即 7.50 质量份 M 母炼胶中含有促进剂 M 0.75 质量份，其余 6.75 质量份为天然橡胶，因此，原基本配方应作如下修改：

原材料名称	质量份	原材料名称	质量份
NR	93.25	硬脂酸	3.00
硫黄	2.75	防老剂 A	1.00
促进剂 M 母炼胶	7.50	HAF	45.00
氧化锌	5.00	合计	157.50

1.2.2　含胶率的计算

含胶率是指所含生胶质量的百分率。含胶率的计算可采用下列公式：

$$含胶率 = \frac{生胶质量份}{胶料总质量份} \times 100\%$$

1.2.3　胶料密度的计算

胶料密度是单位体积的胶料质量。在由基本配方换算成体积分数配方的过程中，可以求得胶料的总体积份。以胶料基本配方中的总质量份除以胶料的总体积份，其结果即为该配方的理论密度，计算举例如表 1-3 所示。

$$理论密度 = \frac{胶料总质量份}{胶料总体积份}$$

表 1-3　密度计算举例

原材料名称	基本配方/质量份	密度/(kg/cm³)	体积份	理论密度/(kg/m³)
天然橡胶	100.00	920	0.10870	
硫黄	3.00	2050	0.00146	
促进剂 M	1.00	1420	0.00070	
氧化锌	5.00	5570	0.00090	$\dfrac{161}{0.14172} = 1136$
硬脂酸	2.00	920	0.00218	
炭黑	50.00	1800	0.02778	
合计	161		0.14172	

理论密度也称为计算密度，实际上为未硫化胶的密度。一般，硫化胶的密度比理论密度要稍大些，因为硫化后硫黄的体积大约能缩小到原来的 1/4（橡胶体积不变）。而且随着硫黄用量增大，交联密度增大，密度也随之增加。

1.2.4　胶料成本的计算

单位质量胶料成本可按式(1-2)计算：

$$P_m = \frac{\sum(m_i \times p_i)}{\sum m_i} \tag{1-2}$$

式中　P_m——单位质量胶料成本，元/kg；

p_i——原材料单价，元/kg；

m_i——配方各原材料质量，kg。

单位体积胶料成本可按式(1-3)计算：

$$P_V = \frac{\sum(m_i \times p_i)}{\dfrac{\sum m_i}{\rho}} = \frac{\sum(m_i \times p_i)}{\sum(\dfrac{m_i}{\rho_i})} \tag{1-3}$$

式中　P_V——单位体积胶料成本，元/L；

ρ_i——配方各原材料密度，kg/L；

ρ——配方胶料密度，kg/L。

单位体积成本与单位质量成本的关系如下：

$$P_V = P_m \times \rho$$

或者

$$P_m = \frac{P_V}{\rho}$$

胶料的成本计算举例如表1-4所示。

表 1-4　胶料成本计算举例

原材料名称	基本配方/质量份	体积份	单价/(元/kg)	配方单价	理论密度/(kg/m³)
天然橡胶	100	0.1087	25	2.5	
硫黄	3	0.00146	4.8	0.0144	
促进剂 M	1	0.0007	36	0.036	
氧化锌	5	0.0009	12	0.06	$\dfrac{161}{0.14172}=1136$
硬脂酸	2	0.00218	7.8	0.0156	
炭黑	50	0.02778	7.5	0.375	
合计	161	0.14172		3.001	

$$\text{单位质量成本} = \frac{3.001 \times 1000}{161} = 18.64(\text{元/kg})$$

$$\text{单位体积成本} = 18.64 \times 1.136 = 21.175(\text{元/L})$$

1.2.5　制品成本的计算

产品胶料成本可按下列公式计算：

$$P = V \times P_V = m \times P_m = V \times \rho \times P_m$$

式中　P——产品胶料成本。

如果用上述配方制作的某一橡胶制品的质量为1200g，则制品的体积为：

$$V = m/\rho = 1200/1.136 = 1056.34(\text{cm}^3) = 1.05634(\text{L})$$

制品胶料成本 $= 1.2 \times 18.64$

　　　　　　　$= 22.368(\text{元})$

也可以用体积计算：

制品胶料成本 $= 1.05634 \times 21.175$

　　　　　　　$= 22.368(\text{元})$

1.3 配方举例

1.3.1 轿车子午线轮胎胎面胶

原材料	质量份	原材料	质量份
天然橡胶	100	炭黑 N220	48
氧化锌	4	促进剂 MDB	1.5
硬脂酸	2	硫黄	1.5
防老剂 RD	1	均匀剂	3
防老剂 4010NA	1.5	合计	164.5
石蜡	2		

1.3.2 子午线轮胎胎侧胶

原材料	质量份	原材料	质量份
天然橡胶	100	环烷油	5
氧化锌	35	促进剂 CZ	0.4
硬脂酸	2	硫黄	3.5
混合蜡	5	合计	185.9
白炭黑	35		

1.3.3 子午线轮胎带束层胶

原材料	质量份	原材料	质量份
天然橡胶	100	炭黑 N660	20
氧化锌	10	炭黑 N774	20
硬脂酸	1.5	芳烃油/松焦油	5
防老剂 4020	1	硫黄	2.6
防老剂 RD	1	合计	161.1

1.3.4 油皮层胶配方

原材料	质量份	原材料	质量份
天然橡胶	100	松香	1
防老剂 A	1	促进剂 M	0.3
防老剂 D	1.5	促进剂 DM	0.4
轻质碳酸钙	30	硫黄	2
陶土	35	合计	178.2
三线油	7		

1.3.5 布胶鞋黑大底配方

原材料	质量份	原材料	质量份
天然橡胶	50	促进剂 DM	1.9
丁苯橡胶	15	促进剂 D	0.6
顺丁橡胶	35	硬脂酸	3
再生橡胶	40	高耐磨炭黑	70
硫黄	2	陶土	15
氧化锌	5	轻质碳酸钙	5
促进剂 M	1.2	合计	243.7

1.3.6　草绿色围条配方

原材料	质量份	原材料	质量份
天然橡胶	100	硬脂酸	1.5
硫黄	2.1	高耐磨炭黑	0.1
氧化锌	4	中铬黄	0.1
促进剂 M	0.65	柠檬黄	1.95
促进剂 DM	0.8	轻质碳酸钙	110.47
促进剂 D	0.55	合计	222.22

1.3.7　耐油密封圈配方

原材料	质量份	原材料	质量份
丁腈橡胶-26	100	机油	15
氧化锌	5	过氧化苯甲酰（BPO）	2
硬脂酸	1	促进剂 DM	1.25
防老剂 D	1	促进剂 D	0.25
喷雾炭黑	50	硫黄	2
轻质碳酸钙	60	合计	239.5
古马隆树脂	2		

1.3.8　食品胶管内层胶

原材料	质量份	原材料	质量份
天然橡胶	100	药用碳酸钙	73.3
氧化锌	10	白凡士林	5.5
硬脂酸	1.8	促进剂 DM	1.8
防老剂 264	1.5	硫黄	0.3
防老剂 MB	1	合计	196.6
微晶蜡	1.4		

【知识的积累为我们的成长、发展和成功提供坚实的基础。】

任务 2　原材料加工与配合工艺选择

2.1　原材料的加工

为了保证炼胶质量，方便加工，对不符合加工要求的生胶和配合剂，均需要进行补充加工。橡胶原材料加工一般分为生胶的加工和配合剂的加工。

2.1.1　生胶的加工

生胶加工包括烘胶、切胶、破胶等。

（1）烘胶　天然生胶经过长时间运输和储存之后，常温下的黏度很高，容易硬化和产生结晶，尤其在气温较低的条件下，常会因结晶而硬化，难以切割和加工。因此，应先进行加热软化，这就是烘胶。

微课扫一扫

烘胶操作

烘胶的主要目的有：

① 保证切胶机的安全操作和工作效率；

② 保证炼胶机的安全操作和塑炼效率的提高；

③ 烘去表面水分；

④ 对结晶橡胶也可解除结晶。

需要烘胶的生胶主要有下列两种类型：

① 硬橡胶，如硬丁腈橡胶（NBR）等；

② 结晶的橡胶，如 NR、CR 等。

目前工业上主要采用烘房、烘箱、红外线、高频电流（微波）四种烘胶方法。

① 烘房：适用于大规模生产。采用烘房烘胶，天然橡胶的烘胶温度为 50～60℃，烘胶时间在春、夏、秋季一般为 24～36h，冬季一般为 48～72h；氯丁橡胶的烘胶温度为 50～60℃，烘胶时间为 150～180min，或烘胶温度为 24～40℃，烘胶时间为 4～6h。烘胶温度不宜过高，否则会引起橡胶老化而影响力学性能。

② 烘箱：适用于小规模生产以及科研部门和实验室试验。

③ 红外线：适用于先进工业生产，效率高。采用红外线加温，时间一般为 2～3h。

④ 高频电流：适用于先进工业生产，效率最高。采用高频电流烘胶交流频率为 20～70MHz，时间一般为 20～30min。

烘胶时应注意以下两个问题：

① 不可靠近热源，以免胶块在高温下老化发黏；

② 胶块之间应稍有空隙，使胶块各处受热均匀。

（2）切胶　有些橡胶包装尺寸较大，如烟片胶的包装方式都是 110kg 左右的大胶包。为便于使用，必须首先切成小块，便于称量、投料和保护设备。

微课扫一扫

切胶操作

生产中一些较大块橡胶或质量不便于称量的橡胶都需进行切胶。天然橡胶切胶胶块一般为 10～20kg，氯丁橡胶一般每块不超过 10kg，其他合成橡胶一般每块 10～15kg，切胶胶块最好呈三角棱形，以便破胶时顺利进入辊缝。

切胶机有立式切胶机和卧式切胶机两种，如图 1-1 所示。单刀油压立式切胶机适用于中小规模工业生产和合成橡胶、再生胶切胶，多刀卧式切胶机适用于大规模工业生产。

立式切胶机切胶操作步骤如下：

① 打开电源开关，开启油泵；

② 用手指按下切刀"上升"开关；

③ 待切刀上升一定位置停止后，将胶块放入切刀下，注意最好在要切的胶块下垫一胶片；

④ 胶块放好后，用手指按下"下降"开关，开始切胶，切下后多数机台可自动上升；

⑤ 将切好的胶块放到胶架上，不要落地；

⑥ 切好后关闭电源开关；

⑦ 擦净设备，打扫卫生，做好设备记录。

切胶作业时应注意如下事项：

① 切胶时手不可放于切刀下；

② 两人配合操作时一定要配合好，操作设备的同学和放胶的同学一定要常沟通；

图 1-1　切胶机

③ 在切胶前原则上应除去天然橡胶和合成橡胶的胶包外皮及包装塑料薄膜（对于中低级制品可以不除去胶包外皮和包装塑料薄膜）或清除胶块表面杂质；

④ 切刀后面的胶块绝不可以通过切刀下伸出手臂去取；

⑤ 切胶胶块不应落地，以防污染；

⑥ 对切胶胶块应进行选胶，胶块不应有杂质及发霉现象，根据质量好坏，分级处理。

烘胶和切胶的顺序可先可后，先烘胶后切胶，切胶容易、速度快、动力消耗较少、切胶机易损伤程度小，但烘胶胶温的均匀性较差，烘胶时间较长；先切胶后烘胶，烘胶胶温的均匀性好，烘胶时间短，但动力消耗较大，切胶机易损伤程度较大。

（3）破胶　用于开炼机塑炼的大块橡胶、天然橡胶和氯丁橡胶的切胶胶块，在塑炼前需用破胶机（图 1-2）进行破胶，其他合成橡胶切胶胶块，一般无需破胶而直接进行塑炼（或混炼）。破胶使块状橡胶变为碎胶，便于称量和塑炼，以保护设备和提高塑炼效率。

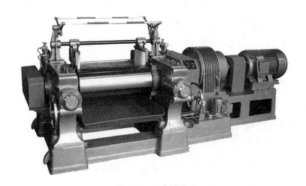

图 1-2　破胶机

破胶可在专用破胶机或开炼机上进行。

破胶机的辊筒粗而短，表面有沟纹，两辊速比较大，辊距一般为 2～3mm，辊温控制在45℃以下，一般胶料过辊 2～3 次。氯丁橡胶破胶宜用 30～35℃辊温，先在 5～6mm 辊距下通过，然后，再在 2～3mm 辊距下通过，一般胶料过辊 2～3 次。

目前生产中常将破胶和塑炼一起用开炼机连续进行，而不专门用破胶机破胶。辊距可用1.5～2mm，辊温控制在 45～55℃。

2.1.2　配合剂的加工

配合剂加工主要包括粉碎、筛选、干燥、软化剂的预热和过滤、母炼胶和膏剂的制备等。

（1）粉碎　粉碎是为了将块状配合剂加工成粒状或粉状，便于称量和分散。常见的块状配合剂有防老剂 A、石蜡、古马隆等。

粉碎方法有人工粉碎和粉碎机粉碎两种，常用的粉碎机有圆盘粉碎机（图 1-3）、翼轮粉碎机、垂式粉碎机等，圆盘粉碎机主要用于硬脂酸、石蜡的粉碎，翼轮粉碎机主要用于粉碎块状防老剂，如防老剂 A 等，垂式粉碎机主要用于硬脆块状配合剂（如松香等）。

图 1-3　圆盘粉碎机

（2）筛选　筛选是为了除去配合剂中杂物和大粒的配合剂，防止影响制品质量和保持较好的分散性。筛选主要是针对配合剂杂质要求高的制品（如内胎用配合剂），或者是配合剂中杂物含量超过范围的配合剂，一般的配合剂不需要进行筛选。

筛选方法有人工筛选（如硫黄可通过 100 目筛筛选等）和机械筛选，常用的筛选机有振动筛、圆鼓筛等（图 1-4），振动筛主要用于黏性小的硫黄、滑石粉等配合剂的筛选，圆鼓筛主要用于黏性大的碳酸钙、炭黑等配合剂的筛选。

(a) 振动筛　　　　　　　　　　(b) 圆鼓筛

图 1-4　筛选机

（3）干燥　干燥是为了除去配合剂中的水分和挥发分，使其符合规定要求，防止硫化时出现气泡或直接影响硫化胶的力学性能。

当配合剂的含水率超过标准时，需经干燥后方可使用。

常用的工艺方法有以下 3 种。①连续干燥：使用鼓式、螺旋式、带式

微课扫一扫

干燥操作

干燥机；②间歇干燥：使用热空气循环干燥机；③微波干燥：把配合剂放在超高频的电场中，利用物体在电场中极性的改变自身生热而达到干燥的目的，这种方法比较先进，速度快，效率高。

对不同的干燥剂应分别制订不同的干燥条件，如有机促进剂 M、DM、CZ 的干燥应控制在 70℃以下，而碳酸钙、陶土矿质填料的干燥温度可稍高一些，一般控制在 70℃左右。

各种配合剂的干燥时间视其所含水分的大小而定。

（4）软化剂的预热和过滤　过滤是为了除去配合剂中的杂物，它与筛选的主要区别是加工的对象状态不同，过滤主要针对液体软化剂或加热后易转化为液体的固体低熔点软化剂，当杂物含量超过范围时对软化剂进行过滤，一般在加热过滤槽或带过滤装置的加热罐上进行。

预热是为了除去软化剂中的水分和低挥发分，防止硫化时出现气泡。一般与过滤同时进行。

2.2　原材料称量配合

称量配合是按照配方规定的品种、规格、用量，选取适当的衡器对生胶及配合剂进行称量搭配的操作过程。称量配合操作对保证产品质量具有重要作用，配合剂的错用或漏用，以及称量的不准确性都会给胶料性能和产品质量造成损害甚至完全报废，因此要求称量配合操作必须做到细致、精确、不漏、不错。

生胶及配合剂的称量和投料方式有手工称量投料和自动称量投料两种。

手工称量投料适用于技术程度不高的中、小规格生产（主要指开炼机混炼）。

自动称量投料适用于技术程度高的大规模生产（主要指密炼机混炼），主要由输送装置、称量包装或投料装置两部分组成，如图 1-5 所示，粉状配合剂可用电磁振动输送装置控制选料速度，液体配合剂则可采用具有保温的管道输送装置，以保证液体的流动性。

【创新对于提升个人和组织的竞争力至关重要。在竞争日益激烈的时代，只有不断创新，才能在市场中脱颖而出。个人通过创新可以不断提升自己的能力和价值，实现个人成长和职业发展的突破。组织通过创新可以开发出更具竞争力的产品或服务，赢得市场份额和客户的青睐。】

为保证手工称量的精确性，应根据配合剂用量合理选择手动称量工具，可使用的称量工具有磅秤（50kg、100kg、200kg）、台秤（5kg、10kg）、托盘天平（2000g、1000g、500g、200g、100g）、电子台秤等，如图 1-6 所示。

2.2.1　各种称量工具的结构组成

托盘天平：底座、托盘架、托盘、标尺、平衡螺母、指针、分度盘、游码、砝码；

台秤：底座、托盘架、托盘、标尺、平衡螺母、游码、秤砣架、秤砣；

磅秤：底座、台面、标尺、平衡螺母、游码、秤砣架、秤砣。

一般生胶和用量较大的填充剂配合可使用磅秤，称量范围一般为 2～200kg，精确度为 20～50g；中等用量的使用台秤，称量范围一般为 0.2～5kg，精确度为 5～10g；用量很少又很重要的配合剂（如促进剂等）则选用天平，称量范围一般为 0.2～1000g，精确度为 0.1～0.5g。

(a) 炭黑双管气力输送及储存

(b) 炭黑、粉料自动称量及配料

(c) 炭黑、粉料中间储存及自动投料

(d) 胶料称量系统

(e) 小粉料自动称量及配料系统

图 1-5 自动称量装置

(a) 弹簧台秤

(b) 磅秤

图 1-6

(c) 电子磅秤   (d) 台秤

(e) 电子台秤   (f) 托盘天平

(g) 电子天平

图 1-6 各种称量工具

2.2.2 称量配合步骤

（1）准备检查称量工具　容器选择和清理。

（2）原材料检查　按配方对原材料品种、规格、用量的要求准备所需的原材料，配合时检查各种原材料的外观、色泽等有无异常，防止配错或原材料变质，必要时需要对某些原材料加工后配合或做性能试验后配合。

（3）称量工具选择与使用　一般用量少的配合剂（硫化剂、促进剂、活性剂、防老剂等）采用托盘天平称量，而用量较大的原材料（生胶、炭黑等）采用台秤配合，为了保证称量的准确性，每一种量具的最大称量范围不得超过其满标的80%。

（4）称量

① 直接称量。适用无污染、无黏附固体物料，其称量步骤为：

微课扫一扫
直接法称量

a. 清理秤盘；

b. 标定好砝码或秤砣及游码（物料质量）；

c. 准确加料（先多后少、先快后慢、最后滴加）到秤盘；

d. 倒出料到存料器并刷净；

e. 复位。

② 间接称量。适用于液体或有污染、黏附的固体物料，其称量步骤为：

微课扫一扫
间接法称量

a. 清理容器；

b. 将容器放到秤盘；

c. 准确称量容器的质量；

d. 标定好砝码或秤砣及游码（物料和容器质量和）；

e. 准确加料（先多后少、先快后慢、最后滴加）到秤盘；

f. 取下容器；

g. 复位。

③ 注意事项

a. 称量时，应将生胶、固体软化剂、液体软化剂、防老剂、硫化剂、促进剂、活性剂、填充补强剂分别放在对应的专用容器内，最好单放以便检查，也可把一类配合剂放在一容器中。

b. 称量好的原材料按一定规则存放，混炼时按一定顺序手工投料。

c. 称量前台秤、天平要进行清理、校零、校灵敏性，并定期在使用过程中进行校检，以防出现异常现象，各个天平的砝码不得混用。

d. 称量台应保持清洁，配合剂不得相互掺混或掺入其他杂质，配合后应在4h内混炼完。否则应严格保护好，以防吸潮、落入灰尘和本身飞扬等。

e. 实验室称量，使用完每一种药品要及时将药匙归位，并盖好盖子。

（5）标识与复查

① 每称量好一样原材料后，需标识好品种、规格及用量；

② 原材料全部称量完毕，必须复查原材料的品种、规格及用量，可全复查，也可抽查。

（6）收尾工作

① 称量完毕后要做好称量记录及设备仪器使用记录等；

② 称量完毕后要清点称量工具，包括秤砣、砝码等，切要归位；

③ 称量完毕要打扫现场卫生。

拓展阅读

橡胶助剂预分散技术

预分散橡胶助剂，也叫橡胶助剂母胶粒。预分散橡胶助剂是以生胶（一般是三元乙丙橡胶、丁苯橡胶、丁腈橡胶等）为载体，加入橡胶助剂和软化剂，通过特殊工艺将传统橡胶助剂预分散到生胶中，得到一定浓度的均匀预分散体（挤出造粒）。预分散橡胶助剂是传统橡胶助剂的升级换代品，具有无粉尘、易分散、适合自动称量和自动连续低温混炼、混炼效率高、储存稳定性好等优点，日益受到业内重视，已在橡胶制品中大量应用。

橡胶助剂预分散体系的组分主要有：

橡胶助剂：预分散橡胶助剂的主体材料，其品质直接影响预分散橡胶助剂品质，占比一般为 40%～80%。

载体：载体的选择对橡胶助剂母胶粒生产十分重要，应注重橡胶助剂在该载体中的溶解度以及与橡胶的相容性。

添加剂：橡胶助剂母胶粒的添加剂有增塑剂、润滑剂以及防黏剂等，这些添加剂能够改善橡胶助剂在橡胶中的分散性、储存稳定性、挤出外观质量以及防止预分散橡胶助剂之间粘连。

课后训练

1. 将以下基本配方换算成同时使用三种母炼胶后的炼胶机容量约为 55kg 的生产配方。

基本配方：天然橡胶 100，硬脂酸 2，氧化锌 5，促进剂 M 0.6，促进剂 D 0.4，防老剂 A 2.0，石蜡 1，炭黑 50，碳酸钙 15，松焦油 5，硫黄 2，合计 183。

炭黑母胶配方：天然橡胶 98.5，硬脂酸 2，炭黑 50，松焦油 5，合计 155.5。

促进剂 M 母炼胶配方：天然橡胶 90，促进剂 M 60，合计 150。

促进剂 D 母炼胶配方：天然橡胶 60，促进剂 D 40，合计 100。

2. 将下列基本配方转化为质量分数配方：天然橡胶 100，硬脂酸 2，氧化锌 5，促进剂 M 0.6，促进剂 D 0.4，防老剂 A 2.0，石蜡 1，炭黑 50，碳酸钙 15，松焦油 5，硫黄 2，合计 183。

3. 将下列生产配方转化为基本配方：天然橡胶 1000g，丁苯橡胶 1000g，硬脂酸 30g，氧化锌 80g，促进剂 M 20g，促进剂 D 6g，防老剂 A 30g，石蜡 15g，炭黑 900g，碳酸钙 300g，松焦油 50g，硫黄 60g。

4. 求下列配方的胶料密度和含胶率并计算单价。天然橡胶 100 (0.96，25)，硬脂酸 2 (0.82，7.8)，氧化锌 5 (2.8，8.2)，促进剂 M 0.6 (1.4，22)，促进剂 D 0.4 (1.6，25)，防老剂 A 2.0 (1.2，18)，石蜡 1 (0.8，6.5)，炭黑 50 (1.8，5.8)，碳酸钙 15 (2.4，

0.55），松焦油 5（0.85，3.8），硫黄 2（1.8，2.5），合计 183。

5. 分析食品胶配方中存在的缺陷，并加以说明：

原材料	质量份	原材料	质量份
天然橡胶	100	药用碳酸钙	73.3
氧化锌	10	白凡士林	5.5
硬脂酸	1.8	促进剂 M	1.8
防老剂 264	1.5	硫黄	0.3
防老剂 D	1	合计	196.6
微晶蜡	1.4		

6. 试计算以下大底配方中使用炭黑母炼胶和加古马隆塑炼胶后的试验配方（试验配方的总质量为 2.18kg）。

基本配方：天然橡胶 100，硫黄 2，促进剂 M 0.2，促进剂 D 0.8，氧化锌 5，硬脂酸 3，高耐磨炉黑 55，轻机油 15，古马隆树脂 15，防老剂 D 1，石蜡 1，陶土 20，合计 218。

炭黑母炼胶配方：天然橡胶 100，硬脂酸 3，高耐磨炉黑 55，轻机油 15，古马隆 15，合计 188。

7. 计算 XK-360 开炼机的装胶容量，装胶系数选择 0.0072，并以此装胶容量，将基本配方转变为生产配方。运输带覆盖胶 NR 70（0.96），BR 30（0.91），硫黄 1.8（1.8），促进剂 CZ 0.9（1.32），促进剂 DM 0.9（1.5），氧化锌 4（2.8），硬脂酸 2.5（0.82），石蜡 1.0（0.8），防老剂 A 1.0（1.2），防老剂 D 1.0（1.2），固体古马隆树脂 8（1.08），混气槽黑 15（1.8），高耐磨炉黑 23.9（1.8），半补强炭黑 15（1.8），50 号机油 7（0.9），合计 182。

8. 根据配方计算成本。硅橡胶密封圈配方：乙烯基硅橡胶（110-2）100(45.00 元/kg)，乙烯基硅油 4(32.00 元/kg)，4 号气相法白炭黑 50(62.00 元/kg)，三氧化二铁 2(5.80 元/kg)，硅氮烷 4(8.00 元/kg)，交联剂 DCP 0.3(35 元/kg)，羟基硅油 15(34.50 元/kg)。合计 175.3，计算 8g 密封圈的胶料成本。

9. 计算耐酸氟橡胶骨架油封成本。已知骨架油封胶料配方：氟橡胶 26C 100（400.00 元/kg），氧化镁 15（18.00 元/kg），氟化钙 25（20.00 元/kg），喷雾炭黑 5（6.50 元/kg），3 号硫化剂 4（150.00 元/kg），计算每克胶料成本。

10. 简述烘胶、切胶、破胶的加工方法。

11. 简述胶料烘胶的目的。

12. 简述橡胶配合剂加工有几种方法，并说明原因。

13. 简述生胶切胶标准操作方法及安全要求。

14. 什么是称量配合？有哪些要求？

15. 手工称量工具有哪些？请分析它们的使用范围、称量范围及精确度要求。

16. 简述台秤作间接称量时的标准操作步骤。

17. 称量操作时应注意哪些事项？

18. 应用题：分析运用下面这个任务单称量，回答：每种料应选择何种称量工具？是选择间接测量方法还是直接称量方法？

原材料名称	质量份	原材料名称	质量份
NR(标-1)	500	柠檬黄	10
氧化锌	25	促进剂 M	4.0
硬脂酸	5	促进剂 DM	2.0
碳酸钙	100	促进剂 D	2.0
松香	5	硫黄	12.5
二丁酯	15	合计	700.5
钛白粉	20		

橡胶塑炼工艺

 项目描述

　　根据项目胶料用途和性能要求,确定塑炼生胶种类及塑炼条件、工艺过程、塑炼标准,进行塑炼实际操作并分析塑炼结果,以了解塑炼原理、掌握塑炼工艺选择方法并对塑炼结果进行分析和处理。

任务 3　塑炼原理分析

3.1　塑炼基础知识

　　"塑炼"在英语中用"mastication"表示,其定义是"采用机械或化学的方法,降低生胶分子量和黏度,以提高其可塑性,并获得适当的流动性,从而满足混炼和成型等进一步加工需要的过程"。

　　高弹性是橡胶最宝贵的性能,却给橡胶的加工过程带来极大的困难,这是因为在加工过程中,施加的机械功会无效地消耗在橡胶的可逆变形上。为此,需将生胶经过机械加工、热处理或加入某些化学助剂,使其由强韧的弹性状态转变为柔软而便于加工的塑性状态。这种借助机械功或热能使橡胶软化为具有一定可塑性的均匀物的工艺过程称之为塑炼。经塑炼而得到的具有一定可塑性的生胶称为塑炼胶。

　　生胶塑炼是橡胶制品生产的基本工艺之一,是其他工艺过程的基础,其目的是使生胶获得适宜的可塑性,以满足各个加工过程的需要,具体表现为:①使生胶的可塑性增大,以利混炼时配合剂的混入和均匀分散;②减小挤出胀大或压延后收缩,便于压延、挤出操作,使胶坯形状和尺寸稳定;③增大胶料黏着性,方便成型操作;④提高胶料在溶剂中的溶解性,便于制造胶浆,并降低胶浆黏度使之易于渗入纤维孔眼,增加附着力;⑤改善胶料的充模性,使模型制品的花纹饱满清晰。但是,若生胶可塑性过大,混炼时颗粒极小的炭黑或其他粉状配合剂分散反而不均匀;压延时胶料易粘辊或粘垫布;挤出的胶坯挺性差、易变形;成型时胶料变形大;硫化时流失胶较多;产品力学性能和耐老化性能下降。因此,生胶的可塑性并非越大越好,而是在满足加工工艺要求的前提下,以具有最小的可塑性为宜。生产上要通过控制生胶和半成品的可塑性,来确保橡胶加工工艺的顺利进行和产品质量。

　　【事物有两面性,有优点也必有不足之处,要充分利用其优点、尽量弥补其不足。】

3.2 塑炼机理分析

自 1826 年汉科克（Hancock）发明生胶塑炼方法以来，科学家就一直致力于生胶塑炼机理的研究。生胶塑炼是使生胶由弹性状态转变成可塑性状态的工艺过程，而生胶可塑性提高的本质就是橡胶的长链分子断裂，变成分子量较小的、链长较短的分子结构。因此，塑炼的本质只能用与分子链断裂有关的因素才能作深入解释。

3.2.1 影响橡胶分子链断裂的因素

3.2.1.1 机械力的作用

橡胶在炼胶机中进行塑炼时，受到炼胶机的剪切力作用，分子链会被拉直，并使分子链在中间部位发生断裂：

$$R—R \longrightarrow R \cdot + R \cdot$$

机械力的作用有选择性，机械断链一般只对一定长度的橡胶分子链有效，一般分子量小于 10 万的天然橡胶和分子量小于 30 万的顺丁橡胶的分子链基本上不再受机械力作用而断裂。这是因为分子链长的橡胶分子内聚力大，机械作用产生的切应力亦大，则机械断裂的效果亦好；而不同橡胶在分子量小到一定程度后，因内聚力小，链段相对运动容易，机械力作用产生的切应力小，则不足以使其断裂。由于机械力作用主要是使分子量较大的橡胶分子断裂，而对分子量小的不起作用，因此，在机械力作用下，橡胶平均分子量变小的同时，分子量分布会变窄，而且塑炼后分子量很低的级分较少，机械塑炼分子量分布变化如图 2-1 所示。

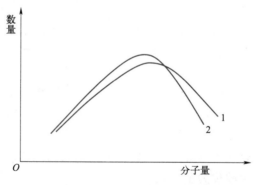

图 2-1 机械塑炼分子量分布变化
1—塑炼前分子量分布；2—塑炼后分子量分布

橡胶塑炼时，分子链断裂的概率与作用于橡胶分子链上的机械功（剪切力）成正比，而与胶料温度成反比。温度越低，橡胶分子间内聚力越大，切应力越大，机械断链效果越好；反之，温度越高，橡胶分子间内聚力越小，切应力越小，机械断链效果则越差。

此外，分子链的断裂还与组成分子链的化学键键能有关。组成分子链的化学键键能越高，分子链断裂越困难。不过，在塑炼过程中，橡胶所受的应力不可能平均地作用于每个分子链的化学键上。由于橡胶的高分子物理化学性质所决定，分子链是相互蜷曲缠结在一起的，在受到剪切力时，必然会产生应力集中现象，这样就使应力集中于某些弱键上，产生分子链的扯断。

橡胶分子链被机械剪切力扯断的同时，产生橡胶分子自由基，自由基的产生必然会引起各种化学变化。首先是氧化作用，使自由基被稳定。此外，橡胶自由基还有可能重新结聚，这对塑炼效果是不利的。化学变化的结果是以断裂还是以结聚为主，主要决定于橡胶的结构、温度、介质等因素。

3.2.1.2　氧的作用

机械力作用的同时，也发生氧化作用，没有氧的作用，塑炼是不能得到预期效果的。

实验表明，在氧气中进行塑炼时，橡胶的可塑性增加得很快，而在相同温度下于氮气中长时间塑炼时，橡胶的可塑性几乎没有变化，如图 2-2 所示。

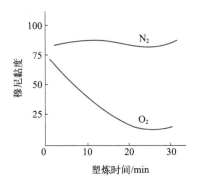

图 2-2　橡胶在不同介质中的塑炼效果

氧在橡胶塑炼中所起的作用：一是稳定由机械力扯断所产生的橡胶自由基；二是直接使橡胶分子链产生氧化断链。前者的作用一般是在低温条件下产生，后者的作用一般是在高温条件下产生。

生胶塑炼后，不饱和程度下降，且随塑炼时间的增长，塑炼胶的质量和丙酮抽出物不断增加，如图 2-3 和表 2-1 所示。丙酮抽出物中就有含氧化合物，这说明，氧在塑炼工艺中参与了橡胶的化学反应。

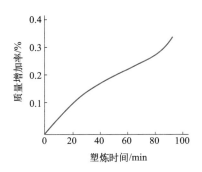

图 2-3　天然橡胶在塑炼过程中的质量变化

表 2-1　橡胶丙酮抽出物含量和塑炼时间的关系

塑炼时间/min	丙酮抽出物/%	塑炼时间/min	丙酮抽出物/%
20	2.19	150	2.47
40	2.33	200	2.53
60	2.36	300	4.61
100	2.38		

曾经有数据分析，生胶结合 0.03% 的氧，就能使其分子量降低 50%，可见在塑炼过程中，氧的氧化作用对橡胶分子链断裂的影响是很大的。

塑炼时氧化对大小橡胶分子的作用是相同的：分子量变小，分子量分布向小分子方向平移。高温塑炼在平均分子量变小的同时，并不发生分子量分布变窄的情况，塑炼后，分子量很低的级分可能较多。因而氧化塑炼后生胶分子量分布曲线变化呈向小分子量的平移性，如图 2-4 所示。

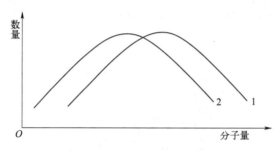

图 2-4 氧化塑炼分子量分布变化
1—塑炼前分子量分布；2—塑炼后分子量分布

3.2.1.3 温度的作用

温度对生胶的塑炼效果有着重要的影响，不同温度范围对塑炼的作用是不同的。实验表明，天然橡胶在 50~150℃ 范围内塑炼 30min 后，得到一条近似"U"形的曲线，如图 2-5 所示。

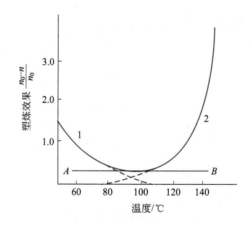

图 2-5 天然橡胶塑炼效果与塑炼温度的关系
n_0—塑炼前的分子量；n—塑炼 30min 后的分子量；
1—低温塑炼；2—高温塑炼

从图 2-5 看出，天然橡胶塑炼过程所得"U"形曲线可以认为是由两条不同曲线组合而成，并代表两个独立过程，在最低值附近相交。其中 1 线代表低温塑炼，2 线代表高温塑炼。在低温塑炼阶段，由于橡胶较硬，受到的机械破坏作用较剧烈，较长的分子链容易为机械应力所扯断。而此时氧的化学活泼性较小，故氧对橡胶的直接引发氧化作用很小。所以，低温时，主要是靠机械破坏作用引起橡胶分子链的降解而获得塑炼效果。随着塑炼温度的不断升高，橡胶由硬变为柔软，分子链在机械力作用下容易产生滑动而难以被扯断，因而塑炼效果不断下降,在110℃附近达到最低值。此时由氧直接引发的氧化破坏作用也很小。但是当温度超过110℃再继续升高时,虽然机械破坏作用进一步降低,但由于氧的自动催化氧化破坏作用随着温度升高而急剧增大,橡胶分子链的氧化降解速率大大加快,塑炼效果也迅速增大。因此,低温塑炼和高温塑炼的机理是不同的。低温塑炼时,主要是由机械破坏作用使橡胶分子断链;高温塑炼时,主要是由氧的氧化裂解作用使橡胶分子链降解。由于高温塑炼时,氧化对分子量最大至分子量小部分的作用是相同的,所以高温塑炼在平均分子量变小的同时,并不发生分子量分布变窄的情况,塑炼后,分子量很低的级分可能较多。此外,高温塑炼时,机械的作用主要是翻动和搅拌生胶,以增加生胶和氧接触的机会,从而加快橡胶的氧化裂解过程。

"U"形曲线可以分为5个区,如图2-6所示。超低温区(1区):30～40℃以下区域,这时温度较低,胶料较硬,设备负荷较大、易损坏,这是塑炼不可使用区;低温塑炼区(机械塑炼区)(2区):这一区温度范围在50～80℃;中温区(3区):由于机械塑炼和氧化塑炼效果都最小,也是一个塑炼不可使用区,温度范围为80～130℃;高温塑炼区(4区)(氧化塑炼区):温度在140～170℃;超高温区(5区):温度在180℃以上,由于这区域温度太高,氧化断裂作用太强烈,胶料性能下降明显,也是塑炼不可使用区。

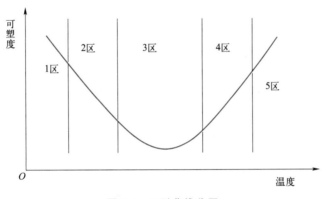

图 2-6　U形曲线分区

3.2.1.4　化学塑解剂的作用

生胶塑炼工艺中,使用化学塑解剂能增强生胶塑炼效果,缩短塑炼时间,从而提高塑炼效率。在塑炼过程中,化学塑解剂的增塑机理:一种是塑解剂本身受热、氧的作用分解生成自由基,而导致橡胶分子发生氧化降解;另一种是封闭塑炼时橡胶分子链断链的端基,使其失去活性,阻止其重新结聚。因此,化学塑解剂实质上可看作是一种氧化催化剂,其生成自由基能力越大,塑解能力也越大。一般情况下,化学增塑剂的增塑作用随温度增高而增大。

根据化学塑解剂的使用温度范围,可分为低温塑解剂、高温塑解剂和混合型塑解剂。二甲苯基硫酚、五氯硫酚、五氯硫酚锌盐和2-苯甲酰氨基硫酚锌盐等为低温塑解剂,适用于开炼机塑炼;二甲苯基二硫化物、2,2′-二苯甲酰氨基二苯基二硫化物等为高温塑解剂,适用于密炼机塑炼;促进剂 M、促进剂 DM 等为混合型塑解剂,在低温和高温下均有效,既适用于开炼机塑炼,又适用于密炼机塑炼。

3.2.1.5 静电的作用

塑炼时，生胶受到炼胶机的剧烈摩擦而产生静电。实验测得，辊筒或转子的金属表面与橡胶接触处产生的平均电位差在 2000~6000V 之间，个别可达 15000V。因此，辊筒和堆积胶间经常有电火花产生。这种放电作用促使生胶表面的氧激发活化，生成原子态氧和臭氧，从而提高氧对橡胶分子链的断链作用。

【影响事物发展的因素很多，要顺利完成一项工作，需全体成员团结协作。】

3.2.2 塑炼反应机理

生胶塑炼机理：一是机械作用使分子链断裂；二是氧的作用使分子链氧化裂解。橡胶在塑炼过程中上述两种情况同时存在，只是低温时以机械断裂为主，高温时以氧化裂解为主。

3.2.2.1 低温塑炼机理

（1）无化学塑解剂

① 橡胶分子链受机械作用断裂，生成自由基。

$$R—R \xrightarrow{\text{剪切力}} 2R\cdot$$

② 橡胶分子自由基被空气中的氧气氧化成为橡胶过氧化自由基，过氧化自由基在室温下很不稳定，易夺取橡胶分子或其他物质中的氢原子而失去活性，生成分子量较小的稳定的橡胶氢过氧化物而获得塑炼效果。

$$R\cdot + O_2 \longrightarrow ROO\cdot$$
$$ROO\cdot + RH \longrightarrow ROOH + R\cdot$$

上述反应说明，氧是橡胶自由基的接受体，起到了阻聚作用，致使塑炼效果提高。

（2）有化学塑解剂　用 ASH 代表硫酚等化学塑解剂，其在生胶塑炼中的作用如下：

$$R\cdot + ASH \longrightarrow RH + AS\cdot$$
$$R\cdot + AS\cdot \longrightarrow RSA$$

化学塑解剂是自由基接受体，能够与断裂的橡胶分子自由基结合，生成稳定的较小的分子，从而使塑炼效率提高。

3.2.2.2 高温塑炼机理

（1）无化学塑解剂　高温塑炼时，橡胶分子与氧可直接进行氧化反应，致使橡胶分子链降解。这种热氧化裂解过程属于自动催化氧化连锁反应，分三步进行。

① 链引发。氧夺取橡胶分子链上的氢原子生成自由基：

$$RH + O_2 \longrightarrow R\cdot + HOO\cdot$$

② 链增长。橡胶分子链自由基与体系中的其他橡胶分子产生一系列的氧化反应，生成橡胶分子氢过氧化物：

$$R\cdot + O_2 \longrightarrow ROO\cdot$$
$$ROO\cdot + RH \longrightarrow ROOH + R\cdot$$
$$R\cdot + O_2 \longrightarrow ROO\cdot$$
$$ROO\cdot + RH \longrightarrow \cdots\cdots$$

③ 链终止。橡胶分子氢过氧化物在高温下极不稳定，立即分解生成分子量较小的稳定分子：

$$ROOH \xrightarrow{\text{分解}} \text{分子链较短的稳定产物}$$

（2）有化学塑解剂　用 MM 代表引发型化学塑解剂（如 2,2'-二苯甲酰氨基二苯基二硫化物等），引发型化学塑解剂可对橡胶的氧化降解产生促进剂作用：

$$MM \longrightarrow 2M\cdot$$
$$RH + M\cdot \longrightarrow R\cdot + MH$$
$$R\cdot + O_2 \longrightarrow ROO\cdot \longrightarrow \text{降解}$$

目前，国内橡胶加工厂中常用促进剂 M（或 DM）作为生胶塑炼的化学塑解剂，可提高塑炼效率。现以促进剂 M 为例，说明其作用机理。

低温塑炼时，促进剂 M 起着自由基接受体的作用，反应如下：

高温塑炼时，促进剂 M 按引发型反应进行，反应历程如下：

促进剂 M 自由基起自由基接受体作用：

过氧化氢自由基起引发橡胶分子产生自由基的作用：

氧化降解

促进剂 M 自由基也能发生如下反应：

氧化裂解

任务 4　塑炼工艺方法及影响因素

根据生产实际来看，橡胶制品制造工艺过程中，其塑炼工艺流程可以分为以下几个阶段，如图 2-7 所示。

由图 2-7 可见，生胶的塑炼工艺过程可以分成三个环节：准备工序（Ⅰ）、塑炼工序（Ⅱ）和可塑性检查工序（Ⅲ）。

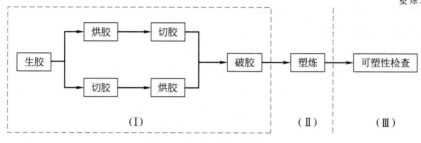

图 2-7　生胶塑炼工艺流程

4.1　塑炼的准备工艺

生胶塑炼的准备工艺是为了便于塑炼加工，以获得高质量的塑炼胶。其工艺包括烘胶、切胶和破胶，具体内容可参考项目 1 中任务 2 内容。

4.2　塑炼指标确定

4.2.1　塑炼胶种确定

塑炼胶种确定主要考虑因素有：

① 生胶种类。弹性大而塑性小的生胶，分子量大、黏度高、流动性差的生胶，一般用天然橡胶（烟片胶、颗粒胶），需要塑炼；大多数合成橡胶在合成时已控制好分子量及黏度能满足多数工艺要求，不需要塑炼；低黏度和恒黏度天然橡胶也可不塑炼。

② 胶料用途。制作海绵胶、胶浆要求胶料黏度小、流动性好，其生胶要考虑塑炼。

③ 渗透性要求。纺织物挂胶胶料要求渗透性好，同时也要求流动性和黏性好，因而其生胶要考虑塑炼。

④ 流动性要求。黏度小、流动性好的胶料其生胶要考虑塑炼，要求在共混温度下橡胶与塑料有相近黏度。橡塑并用胶中生胶，如丁腈橡胶/聚氯乙烯（NBR/PVC）中 NBR 一般要塑炼。

⑤ 黏性要求。黏性大的胶料其生胶要考虑塑炼。

4.2.2　塑炼指标确定

4.2.2.1　可塑性测试方法

可塑性是鉴定塑炼胶质量的主要指标。橡胶的可塑性大小，可通过专门的仪器加以测定。常用的测试方法有三种：压缩法、穆尼黏度法及压出法。

（1）压缩法　压缩法因操作简单、测试准确而成为我国橡胶生产中可塑性测定的主要方法。压缩法分为威廉姆法和华莱士法。压缩法的最大缺点是测定时试样所受切变速率比较低，如威廉姆法的切变速率 $\gamma \leqslant 1s^{-1}$，与实际生产有一定距离。

① 威廉姆（Williams）法。本法的测试原理是在定温、定负荷下，用试样经过一定时间的高度变化来评定可塑性。测定时是将直径为 16mm，高 10mm 的圆柱形试样在 (70 ± 1)℃ 温度下，先预热 3min，然后在此温度下，于两平行板间加 5kg 负荷，压缩 3min 后除去负荷，取出试样，置于室温下恢复 3min，再根据试样高度的压缩变形量及除掉负荷后的变形恢复量，来计算试样的可塑度。

$$P = \frac{h_0 - h_2}{h_0 + h_1} \tag{2-1}$$

式中　P——试样的可塑度；
　　　h_0——试样原高，mm；
　　　h_1——试样压缩 3min 后的高度，mm；
　　　h_2——去掉负荷恢复 3min 后的试样的高度，mm。

如果材料为绝对流动体，则有 $h_1 = h_2 = 0$，$P = 1$；如果材料为绝对弹性体，则有 $h_2 = h_0$，$P = 0$。

由于橡胶是黏弹性物质，故应用式(2-1) 计算出的可塑度应在 0~1 之间，数值越大表示可塑性越大。为了使可塑性试验简化，也有的直接以 A_1 的数值来表示胶料的柔软性（通常以 1/100mm 为单位），值越小表示可塑性越大。图 2-8 是威廉姆可塑度计结构简图。

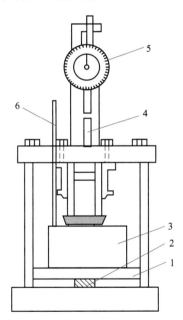

图 2-8　威廉姆可塑度计
1—上压板；2—试样；3—重锤；4—支架；5—百分表；6—温度计

② 华莱士（Wallace）法。本法基本原理与威廉姆法相同，以定温、定负荷、定时间下塑炼胶试样厚度的变化来表示可塑性。测定时将厚约 3mm 的胶片，冲裁出直径约 13mm、体积恒定为 $(0.4\pm0.04)cm^3$ 的试样后，放至快速测定仪内，试验温度为 (100 ± 1)℃。然后迅速闭合压盘，将试样预压至 1mm，进行预热 15s 后，施加 10kg 负荷，至第二个 15s，

测厚计指示的读数即为塑炼胶的可塑度，整个操作时间仅为 30s。规定 0.01mm 表示 1 个可塑度单位，如测厚计测出试样厚度为 0.46mm，即表示华莱士可塑度为 46，华莱士数值越大，则表示可塑性越小。

（2）穆尼（Mooney）黏度法　本法是用穆尼黏度计来测定橡胶的可塑性。其测试原理是根据试样在一定温度、时间和压力下，在活动面（转子）和固定面（上、下模腔）之间变形时所受到的扭力来确定橡胶的可塑性的。测量结果以穆尼黏度来表示。穆尼黏度值因测试条件不同而异，所以要注明测试条件。通常以 $ML_{1+4}100℃$ 表示，其中 M 表示穆尼，$L_{1+4}100℃$ 表示用大转子（直径为 38.1mm）在 100℃ 下预热 1min，转动 4min 时所测得的扭力值。穆尼黏度法测定值范围为 0～200，数值越大表示黏度越大，即可塑性越小。

穆尼黏度反映了胶料在特定条件下的黏度，可直接用作衡量胶料流变性质的指标。但因其测量时速度较慢（转子转速为 2r/min），切变速率较小（最大为 $1.57s^{-1}$），因此它只能反映胶料在低切变速率下的流变性质。

穆尼黏度法测试胶料可塑性迅速简便，且表示的动态流动性接近于工艺实际情况。此外，它还可以简便地测出胶料的焦烧时间（用直径为 30.5mm 的小转子，胶料在 120℃ 下预热 1min，测得的穆尼值下降到最低值再转而上升 5 个穆尼值时所对应的时间，即为穆尼焦烧时间），能及时了解胶料的加工安全性，因此，本法在科研及生产上的应用也较为普遍。

（3）压出法　本法的测试原理是在一定温度、压力和一定规格形状的口型下，于一定时间内测定塑炼胶的压出速率，以 1min 压出的体积（mL）或质量（g）表示可塑性。数值越大，表示压出速率越快，胶料的可塑性越大。本法与压出机口型的工作状况相似，故可更确切地反映胶料的流变性质，但由于压出法试样消耗量多，测试时间长，故工业生产上应用较少，一般用于科研。

4.2.2.2　可塑性大小确定

原则：塑炼胶塑性是在满足工艺加工要求的前提下，以具有最小的塑性为宜，以保证制品具有尽可能高的性能。

① 一般供涂胶、浸胶、刮胶、擦胶和制造海绵等用的胶料要求有较高的可塑性，穆尼黏度小；

② 对要求力学性能高、半成品挺性好及模压用胶料，可塑性宜低，穆尼黏度大；

③ 用于压出胶料的可塑性应介于上述二者之间。

表 2-2 是常见生胶塑炼后穆尼黏度要求（$ML_{1+4}100℃$）。

表 2-2　常用塑炼胶的穆尼黏度

塑炼胶种类	穆尼黏度	塑炼胶种类		穆尼黏度
胎面胶用塑炼胶	50～60	缓冲层帘布胶用塑炼胶		40 左右
胎侧胶用塑炼胶	45 左右	海绵胶料用塑炼胶		20～30
内胎用塑炼胶	40 左右	胶管内层胶用塑炼胶		40～50
胶管外层胶用塑炼胶	30～40	三角带线绳浸胶用塑炼胶		20 左右
胶鞋大底胶（一次硫化）用塑炼胶	30～50	薄膜压延胶料用塑炼胶	膜厚 0.1mm 以上	30～40
			膜厚 0.1mm 以下	35～45
胶鞋大底胶（模压）用塑炼胶	30～40	胶布胶浆用塑炼胶		20～30
传动带布层擦胶用塑炼胶	20～30			

4.3 生胶塑炼方法

通过用塑炼设备对橡胶反复加以剪切变形和拉伸变形，切断较长的分子链，而且解除橡胶分子侧链间的相互缠结，使橡胶中的局部性黏度的高低平均化，并使橡胶具有均匀的可塑性和流动性，以达到容易混炼和成型加工操作的目的。

根据温度不同，塑炼可分为低温塑炼和高温塑炼；按所用设备可分为开炼机塑炼、密炼机塑炼和螺杆机塑炼三种。

4.3.1 开炼机塑炼

开炼机塑炼是最早使用的一种塑炼方法。它是将生胶置于开炼机辊筒之间，借助辊筒的剪切力作用使橡胶分子链受到拉伸断裂，从而获得可塑性。这种塑炼方法的劳动强度大、生产效率较低、操作条件差，但塑炼胶可塑性均匀、热可塑性小，适应面宽，比较机动灵活，投资较小。因此，适用于胶种变化较多、耗胶量较少的场合。目前工厂（特别是生产规模较小的工厂）生产中仍在使用。

资料扫一扫
开炼机塑炼

（1）塑炼方法　开炼机塑炼方法包括：薄通塑炼法、一次塑炼法、分段塑炼法和添加化学塑解剂塑炼法。

资料扫一扫
薄通

① 薄通塑炼法。将生胶在辊距0.5～1mm下通过辊缝，不包辊薄通落盘，重复薄通至规定次数或时间，直至获得所需要的可塑性为止；薄通塑炼法塑炼效果好，所得塑炼胶的可塑性较高且均匀；同时，对各种橡胶，特别是用机械塑炼效果差的一些合成橡胶（如丁腈橡胶）都适用，因而在实际生产中应用广泛，其主要缺点是生产效率较低。

微课扫一扫
薄通操作

② 一次塑炼法。也称包辊塑炼法，是将生胶在较大辊距（5～10mm）下包辊后连续过辊进行塑炼，直至所规定的时间为止。在塑炼过程中不经过停放，且多次割刀以利于散热及获得均匀的可塑性。此法适用于并用胶的掺和及易包辊的合成橡胶。这种方法的塑炼时间较短、操作方便、劳动强度低，但塑炼效果不够理想，表现为可塑性增加幅度小，塑炼胶可塑性不够均匀等。

微课扫一扫
包辊塑炼法操作

③ 分段塑炼法。当塑炼胶可塑性要求较高，用一次塑炼或薄通塑炼达不到目的时而采用的一种有效方法。先将生胶塑炼一定时间（约15min），然后下片冷却并停放4～8h，再进行第二次塑炼，这样反复塑炼数次，直至达到可塑性要求为止。根据不同的可塑性要求，一般可分为二段塑炼或三段塑炼。对天然橡胶一段塑炼胶威廉姆可塑度可达0.3左右，二段塑炼胶可达0.45左右，三段塑炼胶可达0.55左右。这种塑炼方法的生产效率高，塑炼胶可塑性高且均匀，因而生产中应用较为广泛。但生产管理较麻烦，占地面积大，不适合连续化生产。

④ 添加化学塑解剂塑炼法。即在上述的薄通塑炼法和一次塑炼法的基础上，添加化学塑解剂进行塑炼的方法。它能够提高塑炼效率，缩短塑炼时间（如天然橡胶用0.5份促进剂M，塑炼时间可缩短50%左右），降低塑炼胶弹性复原和收缩。一般塑解剂的用量为生胶量的0.5%～1.0%，塑炼温度为70～75℃。为避免塑解剂飞扬损失和提高其分散效果，通常先将塑解剂制成母炼胶，然后在塑炼开始时加入。塑炼胶威廉姆可塑度要求0.5以内时，一

般不需要分段塑炼。

（2）工艺条件及其对塑炼效果的影响　开炼机塑炼时，需要在低温下进行，因此降低炼胶温度和增加机械作用力是提高开炼机塑炼效果的关键。与温度及机械作用力有关的设备特性和工艺条件都是影响塑炼效果的重要因素。

① 辊温。低温塑炼时，温度越低塑炼效果越好。当温度低时，橡胶的弹性大，所受到的机械作用力大，塑炼效率高。反之，温度升高，则橡胶变软，所受到的机械作用力小，塑炼效率低。以天然橡胶为例，温度与可塑性的关系如图 2-9 所示。

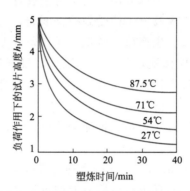

图 2-9　塑炼温度对生胶可塑性的影响

实验表明，在 100℃以下的温度范围进行塑炼时，塑炼胶的可塑性与辊温的平方根成反比，即：

$$\frac{P_1}{P_2} = \sqrt{\frac{T_2}{T_1}}$$

式中　P_1，P_2——塑炼胶可塑度；

　　　T_1，T_2——辊筒温度，℃。

由此可知，开炼机塑炼时，为提高塑炼效果，应加强辊筒的冷却，严格控制辊温（尤其是合成橡胶塑炼时，严格控制辊温则显得更为重要）。辊温偏高，会使生胶产生热可塑性而达不到塑炼要求。辊温偏低，虽能提高塑炼效果，但动力消耗大，且容易损伤设备。实际生产中的辊温，天然橡胶一般掌握在 45～55℃，合成橡胶一般掌握在 30～45℃。

生产中，由于辊筒冷却受到各种条件的限制，如辊筒导热性差和冷却水温不易降低等，使辊温不易达到理想要求。因此，采用冷却胶片的方法是提高塑炼效果的有效措施，如使用胶片循环爬架装置以及采用薄通塑炼和分段塑炼等均属于这类措施。

② 辊距。当辊筒的速度恒定时，辊距减小会使生胶通过辊缝时所受的摩擦、剪切力、挤压力增大，同时胶片变薄易于冷却，冷却后的生胶变硬，所受机械剪切力作用增大，塑炼效果随之提高。辊距与塑炼效果的关系如图 2-10 所示。

由图 2-10 可知，当辊距由 4mm 减至 0.5mm 时，天然橡胶穆尼黏度迅速降低，可塑性则迅速提高。薄通塑炼就是基于这个道理。薄通塑炼不仅对天然橡胶，而且对合成橡胶均有很好的效果。如塑炼丁腈橡胶等，只有采取较小辊距（0.5mm 左右）进行薄通，才能获得较好效果。

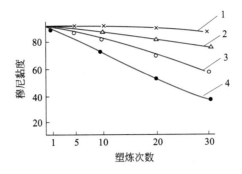

图 2-10　辊距对天然橡胶塑炼效果的影响

1—4mm；2—2mm；3—1mm；4—0.5mm

③ 辊速及速比。塑炼时，辊筒转速快，即单位时间内生胶通过辊缝次数多，所受机械力的作用大，塑炼效果好，如图 2-11 所示。但辊筒速度过快，塑炼胶升温快，反而会使塑炼效果下降，同时操作也不安全。因此辊筒转速不宜过快，一般为 13～18r/min。

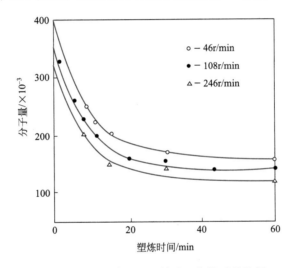

图 2-11　天然橡胶在不同转速下塑炼时的降解

辊筒之间速比越大，速度梯度越大，剪切力越大，塑炼效率越高。但速比太大时，过分激烈的摩擦作用会导致胶温上升得快，反而降低塑炼效果，而且电机负荷大，安全性差。所以必须合理地选择速比，通常应控制速比为 1:（1.15～1.35）。如 XK-160 开炼机速比为1:（1.25～1.35），XK-550 开炼机速比为 1:（1.15～1.25）。

④ 时间。生胶塑炼效果与时间有一定关系。在一定的时间范围内，塑炼时间越长，塑炼效果越好，超过这个时间范围后，可塑性趋于平稳。天然橡胶可塑性变化与时间的关系如图 2-12 所示。图中表明，在塑炼最初的 10～15min 内，塑炼胶的可塑性增加得较快，但在超过 20min 后，可塑性增加甚少，并逐渐趋于平稳。产生这种现象的原因是，在经过一段时间的塑炼后，生胶的温度逐渐升高而软化，这时橡胶分子链容易滑移，不易被机械作用力破坏，从而使塑炼效果降低。

由于塑炼胶可塑性增加与塑炼时间有上述的关系，因此，在用开炼机作包辊塑炼时，一般塑炼时间不宜超过 20min。当欲取得较大的可塑性时，则需采取分段塑炼的方法。

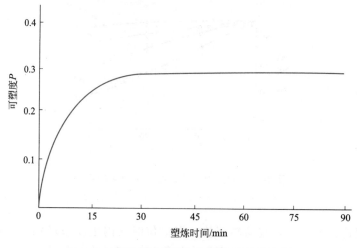

图 2-12   天然橡胶可塑度与塑炼时间的关系

⑤ 装胶容量。塑炼时的装胶容量主要取决于开炼机规格，同时还要看生胶的种类。开炼机规格一定时，容量过大，会因堆积胶过量而浮动，不易散热，塑炼效果差，且劳动强度大；容量太小，则生产效率低。实际生产中的装胶容量，如 XK-450 一次炼胶量为 40～50kg，XK-550 一次炼胶量为 50～60kg。合成橡胶塑炼时因生热性较大，装胶容量应比天然橡胶少 20%～25%。

⑥ 化学塑解剂。添加化学塑解剂塑炼，能提高塑炼效果（表 2-3），缩短塑炼时间，节省电力并减轻胶料收缩。为了使化学塑解剂产生最佳效果，炼胶温度应适当提高（表 2-4）。但温度达 85℃ 时，塑炼效果反而下降。这是因为温度过高，机械作用显著减弱，而氧化尚未起主要作用的缘故。用促进剂 M 作塑解剂时，炼胶温度一般以 70～75℃ 为宜。

表 2-3   促进剂 M 或促进剂 DM 对天然橡胶的塑炼效果

类别	促进剂用量/质量份	辊温/℃	平均可塑度 P(威廉姆)
普通塑炼胶	0	50±5	0.20
M 塑炼	0.4	65±5	0.31
DM 塑炼	0.7	65±5	0.25

表 2-4   温度对促进剂 M 塑炼的影响

辊温/℃	可塑度 P(威廉姆)	
	4h 后	24h 后
40±5	0.33	0.32
55～60	0.39	0.38
70～80	0.42	0.40

【一个人要想更好发挥作用，必须融入集体、团队，要树立正确的人生观和价值观，培养良好的社会适应能力、人际交往能力和团队合作能力，养成积极向上的兴趣爱好，更好地实现人生价值。】

（3）开炼机塑炼工艺规程编制　塑炼工艺规程是指导塑炼具体实施的纲领性文件，是对塑炼工艺技术材料的汇编。可采用文字叙述，也可用表格表示工艺规程。

① 编制依据。主要有炼胶设备、塑炼工艺方法、塑炼工艺条件、现有工艺水平、操作方法及步骤、实施细则、设备保养规则、操作人员技能和习惯等。

② 主要内容。主要包括设备规格型号、台号、工艺操作方法、工艺设置条件、设备维护保养、操作流程、操作动作规定、操作步骤、安全注意事项等。

工程案例：胎面胶生胶开炼机一段塑炼操作工艺规程

内容：胎面胶中天然橡胶一段塑炼。

工艺方法：薄通法。

胶种：1号烟片。

设备型号、台号：XK-450开炼机1号机台。

工艺流程：烘切胶料→称量→塑炼→冷却→停放→塑炼胶。

工艺条件：容量，30kg；辊温，前辊（45±1）℃，后辊（40±1）℃；时间，薄通10～13次；辊距，薄通0.8～1mm；破胶4～5mm，下片10～12mm；塑炼胶穆尼黏度$ML_{1+4}100℃$，55～60。

操作步骤：

① 按设备维护使用规程检查设备各部件，进行维护（加油等）并开机空载运行，观察是否正常；

② 检查设备安全系统、动力冷却介质是否正常，检查各润滑系统并进行保养；

③ 调整开炼机前后辊筒温度至规定标准［前辊（45±1）℃，后辊（40±1）℃］；

④ 将辊距调至4～4.5mm，将切胶胶块靠主驱动齿轮连续投入破胶；

⑤ 等破胶完成后将辊距调至0.8～1mm，将破胶后胶片薄通12次，第一次薄通的胶片，第二次应扭转90°加入；

⑥ 当辊温超过工艺规定后适时打开冷却水；

⑦ 辊距调至8mm，将薄通后的胶片包辊后连续左右切割捣合4次，然后切割下片（下片至一半时，割取可塑性检查试样3块），下片胶片厚度为13～14mm，宽度为300～400mm，长度为700～1200mm；

⑧ 将胶片放置中性皂液隔离槽中冷却5～10min，取出胶片挂置铁架上，进一步冷却（自然或强制冷却）晾干，至胶片温度为45℃以下；

⑨ 晾干的胶片置于铁桌上，停放时间为8～72h，堆放高度应不超过500mm；

⑩ 塑炼完毕后，停机，关水关电，清理设备和现场，清点工具，做好记录，进行交接班。

（4）开炼机基本操作

① 认识开炼机。开放式炼胶机简称开炼机或炼胶机（图2-13），它是橡胶制品加工使用最早的一种基本设备之一。

开炼机主要用于橡胶的塑炼、混炼、热炼、压片和供胶，也可用于再生胶生产中的粉碎、捏炼和精炼。

图 2-13　开炼机示意图

开炼机按其结构型式和传动型式来分类，目前有标准型、整体型、双电机传动型三种。开炼机主要是由辊筒、辊筒轴承、机架和横梁、机座、调距与安全装置、调温装置、润滑装置、传动装置、紧急刹车装置及制动器等组成。

规格表示：XK-辊筒直径。XK 表示机台的型号和用途。如 XK-400，X 表示橡胶类，K 表示开炼机，400 表示辊筒工作部分直径为 400mm。

② 安全操作开炼机

a. 开车前：必须戴好皮革护手腕，混炼时要戴口罩，禁止腰系绳、带、胶皮等，严禁披衣操作。检查大小齿轮及辊筒间有无杂物。每班首次开车，必须试验刹车装置是否完好、有效、灵敏可靠（制动后前辊空车回转不准超过四分之一周），平时严禁用紧急刹车装置关车。

资料扫一扫

开炼机的安全操作

b. 开车中：至少两人操作，必须相互呼应，当确认无任何危险后，方可开车；有投料运输带必须使用运输带。调节辊距左右要一致，严禁偏辊操作，以免损伤辊筒和轴承；减小辊距时应注意防止两辊筒因相碰而擦伤辊面。加料时，先将小块胶料靠大齿轮一侧加入（投入不要放入）；操作时要先划（割）刀，后上手拿胶，胶片未划（割）下，不准硬拉硬扯。严禁一手在辊筒上投料，一手在辊筒下接料；如遇胶料跳动，辊筒不易轧胶时或积胶在辊缝处停滞不下时，严禁用手压胶料；用手推胶时，只能用拳头推，不准超过辊筒顶端水平线（或安全线）；摸测辊温时手背必须与辊筒转动方向相反。割刀必须放在安全地方（不要放在接料盘中），割胶时必须在辊筒下半部进刀，割刀口不准对着自己身体方向；打三角包、打卷时，禁止带刀操作，打卷时，胶卷质量不准超过 25kg。辊筒运转中发现胶料中或辊筒间有杂物，挡胶板、轴瓦处等有积胶时，必须停车处理；严禁在运转辊筒上方传送物件，运输带积胶或发生故障，必须停机处理；严禁在设备转动部位和料盘上依靠，站坐；炼胶过程中，炼胶工具、杂物不准乱放在机器上，以避免工具掉入机器中损坏机器。刹车或突然停电后，必须将辊缝中的胶料取出后方能开车，严禁带负荷启动；严禁机器长时间超载或安全保护装置失灵情况下使用。

【列举企业开炼机炼胶中出现的安全事故，进一步明确安全无小事，培养安全意识。】

③ 开关机操作

a.初步设备检查操作步骤：卫生清扫（周围、辊筒表面及辊间、接料盘、面台、挡胶板）；检查润滑油（轴承是否有油迹、速比齿轮箱、变速箱、大驱动齿轮箱、油杯），润滑油杯转 1～2r 加油或开动润滑油泵；准备并检查工具（扫帚、刀）；检查电器（总开关、分开关、按钮、紧急刹车开关）；检查胶料和配合剂（品种齐全、是否配错、质量）；测量辊温。

开炼机开关机操作

b.调节辊距操作步骤：检查辊距间是否有杂物；调节（机器停止或空转状态、两边同进调节、辊距均匀一致）；测量辊距是否达到要求。

c.开机检查操作步骤：开机（合总电源、合设备电源、启动，不得在负载下）；检查（是否有异常声音，有无松动，停车、安全紧急刹车是否灵敏）；简单维护，重大问题上报。

d.调节辊温操作步骤：测量辊温；较低时开汽加热；辊温较高开冷却水降温，控制水流量保持辊温基本稳定。

④ 停车操作：辊筒上无胶料，炼胶作业完成；生产结束空转 5～10min 后，按停止按钮停车（不可用安全止动装置）；关水（汽）；关设备电源开关；关总电源开关；清扫设备；清扫环境；整理工具；填写记录。

⑤ 开炼机日常维护保养操作。开车时注意辊距间有无杂物，并使两端辊距均匀一致；保持各转动部位无异物；保持紧急制动装置动作灵敏可靠，没有出现紧急情况时不要使用；保持各润滑部位润滑正常，按规定及时加注润滑剂；保持水、汽、电仪表和阀门的灵敏可靠；设备运行中出现异常震动和声音，应立即停车，但若轴瓦发生故障（如烧轴瓦），不准关车，应立即排料，空车加油降温，并联系有关维修人员进行检查处理；经常检查各部位温度，辊筒轴瓦温度不超过 40℃（尼龙瓦不超过 60℃），减速机轴承温升不超过 35℃，电动机轴承温升不超过 35℃；各轴承温度不得有骤升现象，发现问题立即停车处理；维护各紧固螺栓不得松动；不要在加料超量的条件下操作，以保护机器正常工作；机器停机后，应关闭好水、风、汽阀门，切断电源，清理机台卫生。

⑥ 日检、周检和月检操作

a.日检操作：检查机器各部位的紧固螺栓有无松动；检查各润滑部位润滑是否正常；检查各部位轴承温升是否正常；检查主电机电流是否正常；检查调温系统阀门、管路有无渗漏。

b.周检要求：包括日检要求；检查减速器的油位；检查安全罩是否完好，安全装置是否灵敏可靠；检查调距装置有无毛病。

c.月检要求：包括周检要求；检查减速器运行有无异常，有无泄漏润滑油；对稀油润滑的辊筒轴承，检查有无泄漏；检查齿轮磨损情况；检查和清扫电控柜。

⑦ 开炼机炼胶操作。由于开炼机炼胶特性，需要人工操作，从而提高炼胶效果。开炼机操作方法有两面三刀、薄通、打三角包、打大卷、打小卷、包辊、取样、下片操作法等，上述几种方法在生产中往往不是单独进行的，通常是几种方法相伴进行。

a.割胶操作。

割刀使用：目前我国橡胶炼胶使用的割胶刀是直刀形，如图 2-14 所示，其刀口形式有平直形和月形两种。新刀和使用一段时间后的刀要磨刀，以保持刀口锋利。

割胶

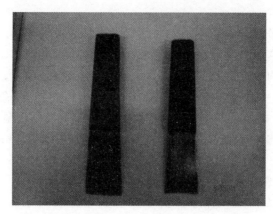

图 2-14　割胶刀

握刀要点：一是向前握牢，二是左右运动方便。

割胶方式：有斜向割胶、水平割胶、垂直割胶三种方式。

操作步骤：一手握住割胶刀，刀口向下，与辊筒呈一定斜角（轴向向内、法向垂直）；在辊筒水平线下从辊筒一侧无胶处，刀尖与辊筒接触；用力（压力和推力）推入，推入速度与斜角有关，角度小推入速度小，当水平入刀时（横向割胶）速度最大；依据操作情况可调节斜角和速度也可以返回。

割胶操作

操作要点：用力，压力和推力组合；接触点，水平线下、侧面无胶处；接触方式，点，即割胶刀尖与辊筒接触。

b. "两面三刀" 操作。

操作步骤：混炼时割胶刀从辊筒一侧水平进刀至辊筒长度的 2/3～3/4 处立刀向下稳着让胶料落到料盘中；当辊距上的堆积胶基本进入通过辊距后停止割胶；用手将落盘胶料拉入另一侧并尽可能转动 90°，并附贴在包胶上，让割下胶自动带回辊距；落胶全部带上辊筒并包好辊再从辊筒另一侧如此操作；这样依次两侧轮流，每侧各 3 刀（次）共计 6 刀（次）。

两面三刀法
操作

操作要点："三刀"，进刀至辊筒长度的 2/3～3/4 处，不能割断；"两面"，从辊筒一侧进刀后，再从另一侧进刀；不能将胶料全部通辊。

c. 打三角包操作。此操作方法是采用较小辊距（1～1.5mm）或较大辊距（2～2.5mm），操作时先将包在前辊上的胶料横向割断或直接接胶，随着辊筒的旋转将左右两边胶料不断向中间折叠成一个三角包，如此反复进行到规定次数，使辊筒之间的胶料不断地由两边折向中间，再由中间分散到两边进行混合。此法分散效果好，胶料质地均一，但由于劳动强度大，操作安全性差，一般只适用于 XK-400 规格以下的开炼机。

打三角包操作

操作步骤：将胶料加入辊距间；用手从下接胶，也可从包胶辊将胶料割断接住；两手将胶料反贴于辊筒上，按一定角度折叠胶料，并使其成为正三角形，另外也可开始时将胶料打团稍许再折成三角形；借助辊筒转动动力，按三角形三个边轮流翻折，注意不要将手包入，直至最终。

操作要点：紧贴辊筒，沿三边反打；在水平线稍上中间位置；依据辊筒转动的动力；三个边轮流翻折不要滚动。

d.打大卷操作。此操作方法是割断包辊胶后随辊筒旋转打卷，堆积胶快吃净时，把胶卷扭转90°角放入辊筒间，然后再打卷，如此反复直至达到翻炼要求为止。此法混合效果较好，生产效率较高，但劳动强度大。

打大卷操作

操作步骤和要点：将胶料加入两辊筒间，用手从下接胶，也可从包胶辊将胶料横向割断接住；借助辊筒旋转力将胶片贴在辊筒打成卷；将胶卷贴在辊筒上，处于要落而稍用力能稳持的位置，不能超过安全线；双手将胶卷均匀用力保持平衡，开始时是打卷转力而后主要是保持平衡及适当压力；当胶卷失去平衡时，可用手扒低处，以增加低处胶卷与辊筒摩擦力，稍后胶卷会调制平衡；堆积胶吃净，把胶卷打完后拿下或扭转90°角放入辊筒，然后再打卷，如此反复直至达到要求为止，有时当胶卷打到一定程度时，用一手扶持，另一手握刀快速横向将胶割断，并将胶卷拿下或扭转90°角放入辊筒。

e.打小卷操作。此操作方法是从辊筒一侧将包辊胶割断一部分后立刀稳住，另一只手将随辊筒旋转胶片打小卷，然后将割断后的胶卷投放到辊缝另一端，如此反复直至达到混合要求为止。此法混合效果较好，但劳动强度大。

打小卷操作

操作要点：进刀时在辊筒一侧中上部，不能超过安全线；立刀要稳，不允许向内侧倾斜，可稍微向外侧倾斜。

f.下片操作。将混炼好的胶料从辊筒上取下一长方形胶片。宽为300～500mm，长最多不超过1200mm。操作方法有单刀法、多刀法（二刀、三刀等）。

下片

三刀下片操作步骤和要点：先将胶料包辊；第一刀水平割胶，从辊筒一端向中间，也可从中间向一端割断胶料，割胶长度要大于胶片要求下片宽度；第二刀垂直割胶，垂直向下割开并稳住割刀于辊筒下适当位置，割胶起端要在第一条割线之上，并用另一手拿住胶片上端并向上提胶；第三刀水平割胶，从下部依据胶片长度水平割胶，保证与垂直割线相交，另一手可持下胶片。三刀之间要配合好，更换刀位时速度要快，割线要交叉相连，双手配合到位，不准超过安全线。

下片操作

g.取样操作。将混炼好的胶片从旋转的辊筒中部取下一部分，以便于混炼胶的快检。试样为正方形或三角形，取样时要求刀法快而准确，双手配合到位，不准超过安全线。

操作步骤和要点：取样时要求刀法快而准确，第一刀要保证水平，双手配合到位，不准超过安全线。

【通过开炼机塑炼操作，践行"橡胶品格"，养成不怕苦、不怕脏、不怕累的优良品质。】

4.3.2 密炼机塑炼

密炼机是目前我国橡胶制品大规模生产的主要设备。密炼机塑炼与开炼机塑炼相比的特点为：①密炼机转速高，其转子转速为20r/min、40r/min、60r/min甚至高达80r/min或100r/min，生产能力大；②转子的断面结构复杂，转子表面各点与轴心距离不等，因此产生不同的线速度，使两转子间的速比变化很大［1∶（0.91～1.47）］，促使生胶受到强烈的摩擦、撕裂和搅拌作用。此外，胶料不仅在两转子的间隙中受到剪切作用，而且还在转子与密炼室腔壁之间以及

密炼机塑炼

转子与上、下顶栓的间隙之间都受到剪切作用,因此可得到较高的塑炼效率;③转子的短突棱具有一定导角(一般为45°角),能使胶料做轴向移动和翻转,起到开炼机手工捣胶作用,使生胶塑炼均匀;④密炼室的温度较高(一般为140℃左右),因此能使生胶受到剧烈的氧化裂解作用,使胶料能在短时间内获得较大的可塑性。

密炼机塑炼不仅生产能力大,塑炼效率高,而且自动化程度高,电力消耗少,劳动强度和卫生条件都可以得到改善。但密炼机塑炼时,由于胶料受到高温和氧化裂解作用,会使硫化胶的力学性能有所下降,而且设备造价较高,占地面积大,设备清理维修较困难,适应面较窄,故一般适用于胶种变化少、耗胶量大的工业生产。

(1) 塑炼方法　密炼机塑炼的方法通常有一段塑炼、分段塑炼和添加化学塑解剂塑炼。

① 一段塑炼。即将生胶一次投入密炼室中,在一定温度及压力条件下连续塑炼至所需的可塑性。此法与分段塑炼相比较,塑炼周期短,塑炼胶占地面积小,且操作较为简便。但塑炼胶的可塑性较低,适用于可塑性要求不太高的塑炼胶(如轮胎胎面塑炼胶)的制备。

实际生产中,如用Ⅱ号密炼机塑炼生胶,其工艺条件是:炼胶温度天然橡胶一般为140~150℃,合成橡胶一般为120~140℃(如丁苯橡胶为137~139℃);排胶温度天然橡胶不高于170℃,合成橡胶不高于150℃;上顶栓压力一般为0.5~0.6MPa;塑炼时间一般为8~15min;塑炼胶可塑度一般可达0.21~0.35(威廉姆)。

② 分段塑炼。即用于制备较高可塑性塑炼胶的一种工艺方法。由于密炼机塑炼的塑炼胶热可塑性较大,所以实际生产中制备较高可塑性的塑炼胶(如轮胎帘布胶)时,常用分段塑炼法塑炼。

分段塑炼通常分两段进行,先将生胶置于密炼机中塑炼一定时间(20r/min密炼机塑炼时间为10~15min),然后排胶、捣合、压片、下片、冷却,停放4~8h后,再进行第二段塑炼(时间为10~15min),以满足可塑性要求。二段塑炼胶可塑度可达0.35~0.50(威廉姆)。

生产中,常将第二段塑炼与混炼工艺一并进行,以减少塑炼胶储备量,节省占地面积,如果塑炼胶可塑度要求0.5(威廉姆)以上时,也可进行三段塑炼。

③ 添加化学塑解剂塑炼。这对密炼机高温塑炼更为有效。此法与一段塑炼相同,化学塑解剂的添加量一般为生胶量的0.3%~0.5%,并以母胶形式加入,以提高分散效果。使用化学塑解剂后,塑炼温度可以降低。例如,使用促进剂M进行塑炼时,排胶温度可以从纯胶塑炼的170℃左右降低到140℃左右,而且塑炼时间可以比纯胶塑炼缩短30%~50%。如天然橡胶添加化学塑解剂密炼机塑炼,其操作方法及步骤如下所述。

技术参数:胶种为国产1号标准胶;设备为Ⅱ号密炼机;容量为146.3kg(其中生胶140kg、促进剂DM 0.7kg、氧化锌4.2kg、硬脂酸1.4kg);速比为1:1.54;排胶温度165℃以下;XK-660开炼机前辊温55~60℃,后辊温50~55℃,速比为1:1.08;塑炼胶可塑度为0.51(威廉姆)左右。

操作方法及步骤:在操作前,按设备维护使用规程的规定检查设备是否良好;开车后,打开加料口投料(加生胶、促进剂DM),时间为1min,然后加压塑炼,时间为16min,再加氧化锌、硬脂酸塑炼,时间为2min;塑炼完毕发出压片信号,准备排胶,待回信号后排胶;压片机在密炼机发出排胶信号时,做好一切准备工作(调整辊距为10~15mm,同时调整辊温至规定要求),然后给密炼机发出排胶信号;塑炼胶排到压片机上,包辊并切割2次,时间为2min,机械打扭10min;下片(并割取快检试片5块),时间为2min;胶片通过中性皂液隔离槽，再输送至胶片冷却装置，悬挂强风冷却；待胶片温度冷却至45℃以下时，裁断成小片放置铁桌上，停放8h以上，供下道工序使用。

（2）工艺条件及其对塑炼效果的影响　密炼机塑炼属于高温塑炼，温度一般在120℃以上。生胶在密炼机中受高温和强机械作用，产生剧烈氧化，短时间内即可获得所需的可塑性。因此，密炼机塑炼效果取决于炼胶温度、炼胶时间、化学塑解剂、转子转速、装胶容量以及上顶栓压力等因素。

资料扫一扫
密炼机塑炼
工艺条件

① 温度。塑炼温度是影响密炼机塑炼效果好坏的最主要因素，温度对密炼机塑炼的影响如表2-5和图2-15所示。从图2-15可以看出，随着塑炼温度的提高，胶料可塑度几乎按比例迅速增大，但是，温度过高会导致橡胶分子过度降解，使力学性能下降。如天然橡胶塑炼温度一般以140～160℃为宜，丁苯橡胶塑炼温度应控制在140℃以下，温度过高，会导致发生支化、交联等反应，反而使可塑性降低，但是，塑炼温度也不能太低，否则达不到预期的效果，降低塑炼效率。

表2-5　密炼机温度对塑炼的影响

塑炼时间 /min	转子和室壁温度 /℃	排胶温度 /℃	负荷作用下试片高度 h_1 /mm
10	30	80	4.21
10	150	157	2.58

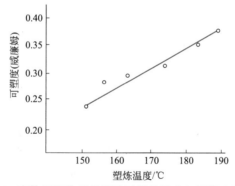

图2-15　密炼机塑炼天然橡胶时塑炼温度与可塑度的关系

② 时间。与开炼机不同，生胶的可塑性随在密炼机中塑炼时间的增长而不断地增大。图2-16为在20r/min密炼机中塑炼时间对天然橡胶可塑性的影响，从图2-16中可以看出，在塑炼初期，可塑性随时间的延长而呈直线上升，但经过一定时间以后，可塑性的增长速度减缓。这是因为随着塑炼时间的延长，密炼室中充满了大量的水蒸气和低分子挥发性气体，它们阻碍了橡胶与周围空气中氧的接触，也使氧的浓度下降，从而使橡胶的氧化裂解反应减慢。因此，随着塑炼过程的进行，可塑性的增长速度逐渐变缓。所以，制订塑炼条件的主要任务是根据实际情况确定适当的塑炼时间。为了提高密炼机的使用效率，通常对可塑度要求0.50（威廉姆）以上的胶料可采用二段塑炼或用促进剂M、促进剂DM塑炼的方法。

③ 化学塑解剂。在密炼机高温塑炼条件下，使用化学塑解剂比在开炼机中更为有效。因为高温对化学塑解剂的效能具有促进作用，从而能进一步缩短塑炼时间，并能相应降低塑

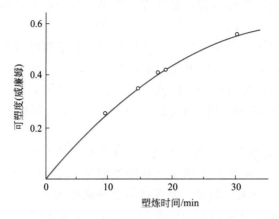

图 2-16　塑炼时间与可塑度的关系

炼温度，使塑炼温度低于纯胶塑炼温度。塑解剂对可塑度和塑炼温度的影响如图 2-17 所示。不过，用密炼机塑炼时，由于高温下橡胶分子的氧化裂解过程甚为激烈，使用化学塑解剂塑炼的条件需严格控制，否则会影响胶料质量，使硫化胶的力学性能下降。

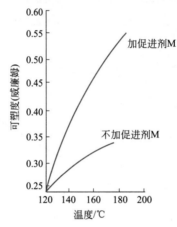

图 2-17　塑解剂对可塑度与温度的影响

　　目前，工厂中常用促进剂 M、DM 和 2,2′-二苯甲酰氨基二苯基二硫化物（商品名为 Pepton22）作为塑解剂，它们对烟片胶的增塑作用，如表 2-6 所示。在不影响硫化速率和力学性能的前提下，使用少量塑解剂（0.3～0.5 份）可缩短塑炼时间 30％～50％，取得较好的经济效果。

表 2-6　几种化学塑解剂的增塑效果（Ⅱ号密炼机，20r/min）

化学塑解剂	用量 /质量份	温度 /℃	时间 /min	容量 /kg	可塑度 （威廉姆）
无	0	140	15	120	0.380
促进剂 M	0.5	140	14	120	0.420
五氯硫酚	0.2	140	10	120	0.483
2,2′-二苯甲酰氨基苯基二硫化物	0.2	140	10	120	0.485

④ 转子转速。在一定温度条件下，塑炼胶可塑度随转子转速的增加而增大。在实际生产中，转速通常是不变的，因而在制订塑炼条件时，转速一般不是考虑的因素。但如果存在不同转速的机台，则应根据转速的快慢确定不同的塑炼时间，以获得相同的塑炼效果。

表 2-7 为密炼机（实验室用）塑炼天然橡胶的可塑性测定结果，由表可知，在相同的塑炼温度下，达到相近的可塑性时，转子转速越快，则所需塑炼时间越短。使用中速或快速密炼机塑炼生胶就是基于这个道理，如进口 F-270 密炼机塑炼生胶的时间只相当于国产 Ⅱ 号密炼机的 30%～50%。但是，转子转速不宜过快，否则会使生胶温度过高，致使橡胶分子剧烈氧化裂解，或引起支化交联而产生凝胶。

表 2-7　转子转速对密炼机塑炼效果的影响

转速 /(r/min)	时间 /min	威廉姆可塑度试验压缩后的试片高度 h_1/mm		
		94℃	121℃	150℃
25	30	4.51	4.00	2.90
50	15	4.09	3.45	2.60
70	10	3.79	3.17	2.50

⑤ 装胶容量。密炼机塑炼时，必须首先合理确定装胶容量（又称工作容量）。容量过大或过小，都影响生胶获得良好的塑炼效果。容量过小，生胶会在密炼室中打滚，不能获得有效塑炼；容量过大会使生胶塑炼不均匀，排胶温度升高，设备因超负荷运转而易于损坏。

装胶容量应根据密炼室壁和转子突棱磨损后的缝隙大小，通过实验确定。通常，装胶容量为密炼室容量的 55%～75%（即填充系数为 0.55～0.75）；另外，有时为降低排胶温度，又必须适当减小装胶容量，这些都应该视具体情况而合理确定。装胶容量一般以质量（kg）计，可将装胶容量（m^3）乘以胶料密度（kg/m^3）换算得出。

⑥ 上顶栓压力。上顶栓压力的大小，对塑炼效果影响很大。实验表明，适当增加上顶栓压力，提高对胶料的剪切力作用，是缩短塑炼时间的有效方法。当压力不足时，上顶栓被塑炼胶推动产生上、下浮动，不能使胶料压紧，减小对胶料的剪切力作用。但压力太大，上顶栓对胶料阻力增大，使设备负荷增大。通常情况下，20r/min 密炼机上顶栓压力控制在 0.5～0.6MPa，40～60r/min 密炼机上顶栓压力一般为 0.6～0.8MPa。

除此之外，生胶本身的质量及操作技术水平等对塑炼效果也有一定影响。但是，在密炼机塑炼中，最重要的是必须严格掌握塑炼温度和塑炼时间。

目前，国外多用快速（60～80r/min）、高压（上顶栓压力达 0.6～0.8MPa）密炼机，塑炼温度高达 160～180℃，塑炼生胶仅需 3～5min，若用化学塑解剂 2～3min 即可完成塑炼，大大提高了生产效率。

工程案例：XM-140/20 密炼机一段塑炼 SCR5 天然橡胶工艺条件。

① 炼胶温度：140～145℃；

② 上顶栓压力：0.5～0.6MPa；

③ 塑炼时间：12min；

④ 一次加胶量：135kg；

⑤ 塑炼胶穆尼黏度 55～60（$ML_{1+4}100℃$）。

（3）密炼机塑炼工艺规程编制　与开炼机相同，密炼机塑炼工艺规程是指导塑炼具体实施的纲领性文件。

① 编制依据。主要有炼胶设备、塑炼工艺方法、塑炼工艺条件、现有工艺水平、操作步骤、实施细则、设备保养规则、操作人员技能和习惯等。

② 主要内容。主要包括设备规格型号、台号、工艺操作方法、工艺设置条件、设备维护保养、操作流程、操作动作规定、操作步骤、安全注意事项。

工程案例：内胎帘布胶中天然橡胶添加化学塑解剂密炼机二段塑炼。

工艺流程：烘切胶料→称量→一段塑炼→冷却→停放→二段塑炼→冷却→停放→塑炼胶。

胶种：RSS3 烟片胶。

设备：XM-250/20。

工艺条件：容量，146.3kg；塑炼配方，生胶 140kg，促进剂 DM0.7kg，氧化锌 4.2kg，硬脂酸 1.4kg；排胶温度，165℃以下；上顶栓压力，0.5～0.6MPa；下片，XK-660 开炼机前辊温 55～60℃，后辊温 50～55℃，速比为 1：1.08。

工作步骤：

第一段：在操作前，按设备维护使用规程的规定检查设备是否良好；调节温度；打开加料口，投料（加生胶、促进剂 DM），关闭加料口，时间为 1min，加压塑炼，时间为 16min；打开加料口，加氧化锌、硬脂酸塑炼，关闭加料口，时间为 2min；塑炼完毕控制中心发出压片信号，准备排胶；压片机在密炼机发出排胶信号时，做好一切准备工作（调整辊距为 13mm，同时调整辊温至规定要求），然后给密炼中心发出接收排胶信号；排胶到压片机上，包辊并切割 2 次，时间为 2min；自动机械打扭 10min；下片（并割取快检试片 5 块），时间为 2min；胶片通过中性皂液隔离槽，再输送至胶片冷却装置，悬挂强风冷却；待胶片温度冷却至 45℃以下时，裁断成小片放置铁桌上停放 4～8h；停机关水关汽，清理设备和环境，并做好生产记录。

第二段：操作前，按设备维护使用规程的规定检查设备是否良好；调节温度；打开加料口，将第一段塑炼再次投入密炼机中，关闭加料口，时间 1min；加压塑炼，时间为 13min；塑炼完毕控制中心发出压片信号，准备排胶，待回信号后排胶；压片机在密炼机发出排胶信号时，做好一切准备工作（调整辊距为 13mm，同时调整辊温至规定要求），然后给密炼机中心发出接收排胶信号；塑炼胶排到压片机上，包辊并切割 2 次，时间为 2min；自动机械打扭 10min；下片（并割取快检试片 5 块），时间为 2min；胶片通过中性皂液隔离槽，再输送至胶片冷却装置，悬挂强风冷却；待胶片温度冷却至 45℃以下时，裁断成小片放置铁桌上停放 4～24h；停机关水关汽，清理设备和环境，并做好生产记录。

（4）密炼机基本操作

① 认识密炼机。密闭式炼胶机简称密炼机（图 2-18），主要用于天然橡胶及其它高聚物弹性体的塑炼和混炼。采用密炼机，则可大大减轻操作工人劳动强度，改善劳动条件，缩短炼胶周期，提高生产效率。

密炼机种类：常用的密闭式炼胶机按工作原理有转子相切型和转子啮合型两种。国内普遍使用的是转子相切型密炼机，国产的型号有 XM 型和 GK-N 型，进口的型号有 F 型、BB型和 GK-N 型等。啮合型转子密炼机使用较少，国产的型号有 XMY 型和 GK-E 型，进口的

图 2-18 密炼机示意图

型号有 K 型和 GK-E 型。

相切型转子的密炼机和啮合型转子的密炼机在结构上的主要区别是转子。相切型转子的横截面呈椭圆形，突棱有两棱和四棱两种，两个转子具有速度差（速比），突棱彼此不相啮合。啮合型转子的横截面呈圆形，两个转子的转速相同，彼此的突棱相啮合。由于转子结构的不同，因此两种密炼机的炼胶原理也有所不同。

密炼机规格：一般以混炼室总容积和长转子（主动转子）的转数来表示。同时在总容量前面冠以符号 XM，以表示为橡胶密炼机。如 XM-80×40 型，其中 X 表示橡胶类，M 表示密炼机，80 表示混炼室总容量 80L，40 表示长转子转数为 40r/min。又如 XM-270/20×40 型，它表示混炼室总容量为 270L、双速（20r/min、40r/min）橡胶类密炼机。

② 安全操作密炼机。

开车前：检查上、下顶栓，翻板门，仪表，信号装置等是否完好，若完好方可准备开车；必须发出信号，听到呼应确认无任何危险时，方可开车。

开车中：投料前要先关闭好下顶栓，胶卷逐个放入，严禁一次投料，粉料要轻投轻放，炭黑袋要口朝下逐只向风管投送；设备运转中严禁往混炼室里探头观看，必须观看时，要用钩子将加料口翻板门钩住，将上顶栓提起并插上安全销，方可探头观看；操作时发现杂物掉入混炼室或遇故障时，必须停机处理；如遇突然停车，应先将上顶栓提起插好安全销，将下顶栓打开，切断电源，关闭水、汽阀门，如用人工转动联轴器取出胶料，注意相互配合，严禁带料开车；上顶栓被胶料挤（卡）住时，必须停车处理；下顶栓漏出的胶料，不准用手拉，要用铁钩取出；操作时要站在加料口翻板活动区域之外，排料口下部，不准站人；排料、换品种、停车等应与下道工序用信号联系；停车后插入安全销，关闭翻板门，落下上顶栓，打开下顶栓，关闭风、水、汽阀门，切断电源。

【列举企业密炼机炼胶中出现的安全事故，进一步明确安全无小事，培养安全意识。】

③ 密炼机日常维护保养操作。保持各转动部位无异物；保持各润滑部位润滑正常，按规定及时加注润滑剂；保持水、汽、电仪表和阀门的灵敏可靠；设备运行中出现异常震动和声音，应立即停车；经常检查各部位温度，密炼室壁、减速机轴承、电动机轴承温升不超过35℃，如有异常，立即停车处理；维护各紧固螺栓不得松动；机器停机后，应关闭好水、风、汽阀门，切断电源，清理机台卫生；在低温情况下，为防止管路冻坏，需将冷却水从机器各冷却管路内排出，并用压缩空气将冷却水管路喷吹干净；在投产的第一个星期内，需随时拧紧密炼机各部位的紧固螺栓，以后则每月要拧紧一次；当上顶栓处在上部位置、卸料门处在关闭位置和转子在转动情况下，方可打开加料门向密炼室投料；当密炼机在混炼过程中因故临时停车时，在故障排除后，必须将密炼室内胶料排出后方可启动主电机；密炼室的加料量不得超过设计能力，满负荷运转的电流一般不超过额定电流，瞬间过载电流一般为额定电流的 1.2～1.5 倍，过载时间不大于 10s；大型密炼机，加料时投放胶块质量不得超过20kg，塑炼时生胶块的温度需在 30℃ 以上；主电机停机后，关闭润滑电机和液压电机，切断电源，再关闭气源和冷却水源。

4.3.3 螺杆机塑炼

螺杆机塑炼是借助螺杆和带有锯齿螺纹线的衬套间的机械作用，使生胶受到破碎、摩擦、搅拌，并在高温下获得塑炼效果的一种连续塑炼方法。

螺杆机塑炼具有连续化、自动化程度高，生产能力大，动力消耗少，占地面积少，劳动强度低等优点。最适用于生胶品种少、耗胶量大的大规模工业生产。但从目前国内使用螺杆机塑炼来看，还存在一些如排胶温度高、塑炼胶热可塑性大、可塑性不均匀（夹生现象）和较低等缺陷，因此在应用上受到一定限制。

（1）塑炼方法 根据使用设备的不同，主要是单螺杆一段塑炼机和双螺杆二段塑炼机。

目前，螺杆机塑炼仅适用于天然橡胶，其塑炼的工艺过程是：先将螺杆机工作部件预热至规定温度（机头 80～90℃，机身 90～110℃，机尾 60℃ 以下），然后将预热至 70～80℃ 的天然橡胶切胶胶块（质量为 10kg 左右）通过输送带送入螺杆塑炼机加料口，并加压使生胶在机筒和螺杆间进行塑炼，塑炼胶排胶温度一般为 170～180℃。当塑炼胶不断排出后，用输送带将塑炼胶片（或胶粒）送至开炼机上进行补充加工、下片、冷却并停放。塑炼胶必须停放 24h，方可供下道工序使用。

天然橡胶经螺杆塑炼机塑炼其可塑度一般可达：一段塑炼胶 0.21～0.30（威廉姆）；二段塑炼胶 0.31～0.40（威廉姆）。

（2）工艺条件及其对塑炼效果的影响 螺杆机塑炼效果取决于温度（如机温、胶温）、填胶速度和出胶空隙等因素。

① 温度。温度是螺杆机塑炼时必须严格控制的主要工艺条件。机温过低不能获得良好的塑炼效果，设备负荷大，机温过高则影响橡胶的加工性能及力学性能，如机身温度高于110℃ 时，生胶的可塑性增加不大，而高于 120℃ 时，则排胶温度太高，使胶片（或胶粒）发黏而产生粘辊，不易进行补充加工，并使力学性能严重下降。生胶块在送入螺杆机之前，若胶温低于预热规定温度时，则容易产生塑炼不均匀（夹生）的现象，并易造成设备负荷过大而引起停机现象。

② 填胶速度。填胶速度应均匀，并与机身容量相适应。填胶速度过快，机筒内积胶多，就会形成较大的静压力，使胶料容易析出机头；由于胶料在机筒内的停留时间短，

得不到充分的塑炼，因而塑炼胶的可塑性小且不均匀；反之，填胶速度过慢，胶料在机筒内的停留时间长，致使塑炼胶可塑性过大，严重时会呈现黏流状。实际操作时，为让胶块连续自动进入机身内，必要时可利用风筒适当加压，以帮助胶块顺利进入螺杆机内，使塑炼顺利进行。

③ 出胶空隙。出胶空隙主要指机头与螺杆端部之间的环形间隙，它可通过调整螺杆的装置来调节。如间隙大，机头部位阻力小，出胶量大，塑炼胶可塑性小；反之，间隙小，塑炼胶的可塑性则较大。例如，用 $\phi300mm$ 的螺杆机塑炼天然橡胶时，当出胶空隙调至最小时，塑炼胶的可塑度可达 0.4（威廉姆）左右。

【工艺的最终确定必须进行工艺试验，通过反复调试才能确定。理论要与实践相结合，实践是检验真理的唯一标准。】

工程案例：天然橡胶螺杆机塑炼操作。
① 先将螺杆机工作部件预热至规定温度（机头 80～90℃，机身 90～110℃，机尾 60℃以下）；

② 然后将预热至 70～80℃的天然橡胶切胶胶块（质量为 10kg 左右）通过输送带送入螺杆塑炼机加料口，并加压使生胶在机筒和螺杆间进行塑炼；

③ 当塑炼胶不断排出后，用输送带将塑炼胶片（或胶粒）送至开炼机上进行补充加工、下片、冷却并停放。

4.4 塑炼后加工工艺

4.4.1 冷却工艺

塑炼后胶料进行冷却主要有两个方面的作用：一是防止高温下胶料的进一步氧化使性能下降，二是防胶料黏合在一起不便于下一步的工艺操作。

一般胶料冷却后的温度在 45℃以下，冷却的方法分为强制冷却和自然冷却两种，其中强制冷却按冷却介质不同可分为水冷却（有水浸、喷淋、混合三种形式）、风冷却、综合冷却。水冷却的效率高，可节省时间和面积，但水冷却后需将胶料表面的水晾干或用风吹干。胶片冷却装置如图 2-19 所示。

图 2-19 胶片冷却装置

4.4.2 停放工艺

胶料停放的目的主要是使橡胶在塑炼过程受机械作用后能充分恢复松弛，从而提高性能。胶料停放的要求为：干燥、室内（防晒、防水、防尘）、通风条件好。

塑炼胶停放时间、温度（不高于40℃）：最后塑炼胶停放条件为常温，2～72h；多段塑炼中间胶料停放条件为室温，4～8h。

任务5 常用橡胶塑炼特性分析

天然橡胶有较好的塑炼效果，易于获得所需的可塑性；合成橡胶的塑炼则比较困难，在合成橡胶中，又以异戊橡胶和氯丁橡胶比较容易塑炼，丁苯橡胶、顺丁橡胶和丁基橡胶次之，丁腈橡胶则最难塑炼。表2-8对比了天然橡胶与合成橡胶的塑炼特性。

表2-8 天然橡胶与合成橡胶塑炼特性的比较

特性	天然橡胶	合成橡胶	特性	天然橡胶	合成橡胶
难易	易	难	复原性	小	大
生热	小	一般较大	收缩性	小	大
塑解剂	有效	效果低	黏着性	大	小

橡胶的塑炼特性与其化学组成、分子结构、分子量及其分布有着密切的关系。天然橡胶之所以容易塑炼，是因为天然橡胶的异戊二烯结构中存在着甲基对双键的诱导效应和共轭效应的加和作用，使分子主链中链节间的结合键能较低；天然橡胶分子量较高，且分子量分布较宽，受机械作用的剪切应力大，分子链容易被扯断；天然橡胶分子链被机械力扯断后生成的自由基稳定性较高，不易产生再结合或者歧化、交联反应，在经氧化作用后也不易发生歧化、交联反应，因此，天然橡胶的机械塑炼效果好。此外，诱导效应和共轭效应活化了次甲基位上的氢原子，因而使天然橡胶容易进行氧化反应，在氧化反应过程中所生成的自由基比较稳定，不易产生歧化和交联反应。而且在氧化过程中所生成的氢过氧化物，主要呈降解反应，很少因歧化和交联而形成凝胶，因此，天然橡胶的高温塑炼效果好。

合成橡胶则相反。由于合成橡胶的初始黏度较低，分子链较短，缺乏天然橡胶那样多的高分子量级分，当橡胶通过辊筒间隙时，分子间易于滑动，因而所受的机械剪切应力较小；大多数合成橡胶在伸长应力作用下的结晶也不像天然橡胶那样显著，或根本不形成结晶，因此，在相同条件下所受的剪切应力也比天然橡胶低；合成橡胶在机械力作用下分子链断裂生成的自由基比天然橡胶自由基的稳定性低，易产生歧化、交联反应，导致生成凝胶；在高温氧化裂解时，合成橡胶更易产生交联反应而形成凝胶。此外，在合成橡胶中还常常含有一些起稳定作用的防老剂，它们会对塑炼时加入的化学塑解剂起抑制作用，从而降低了塑炼效果。

生产上，为克服合成橡胶在塑炼加工中的困难，通常以在合成阶段通过控制聚合度等方法，制成具有较低穆尼黏度的生胶，这些生胶无须进行塑炼加工，只有像硬丁腈橡胶等高穆尼黏度的合成橡胶才需进行塑炼加工。

【要把所学的理论知识与生产实际结合起来，增强专业实践能力，培养科学精神和科学态度，提高分析问题、解决问题的能力。】

5.1 天然橡胶塑炼特性分析

天然橡胶是生胶塑炼的主要胶种，用开炼机和密炼机进行塑炼均能获得良好效果。

用开炼机塑炼时，通常采用低温薄通塑炼法（辊温 40～50℃，辊距 0.5～1mm）和分段塑炼法效果最好。用密炼机塑炼时，温度宜在 155℃ 以下，时间约为 13min（视可塑度要求而定）。塑炼时间增加，塑炼胶的可塑性随之增大，但不要过炼，否则可塑性变得过高而使力学性能下降。

天然橡胶塑炼时，常加入促进剂 M 作塑解剂，来提高塑炼效果，促进剂 M 对开炼机塑炼和密炼机塑炼都适用。

天然橡胶塑炼后，为使橡胶分子链得到松弛（俗称恢复疲劳）和可塑性均匀，需停放一定时间（4～8h），才能供下道工序使用。

目前国内使用的天然橡胶主要品种有烟片胶和标准胶，由于上述胶种的初始穆尼黏度不同，欲获得相同的可塑性，所需的塑炼时间当然不同。恒黏和低黏标准马来西亚橡胶、充油天然橡胶、轮胎橡胶、易操作橡胶的初始穆尼黏度较低（一般小于65），可不经塑炼而直接混炼。

5.2 丁苯橡胶塑炼特性分析

软丁苯橡胶的初始穆尼黏度为 40～60，能满足加工要求，一般无需塑炼，但适当塑炼可改善压延、压出等工艺性能。在相同的塑炼条件下，丁苯橡胶的塑炼效果较天然橡胶差，因此必须严格控制塑炼工艺条件，才能取得较好的塑炼效果。

用开炼机塑炼时，采用薄通法比较有效，辊距越小，塑炼效果越好（通常辊距为 0.5～1mm，辊温为 30～45℃）；用密炼机塑炼时，要严格控制塑炼温度和时间，塑炼温度过高或时间过长，都易生成凝胶，使塑炼效果降低（密炼机塑炼温度一般以 137～139℃ 为宜，不应超过 140℃）。

使用化学塑解剂，可提高丁苯橡胶的塑炼效果。开炼机塑炼时，可采用 β-萘硫醇和促进剂 M、DM，用量应比天然橡胶多，一般为 1～2 份；密炼机塑炼时，采用促进剂 M、DM、2,2′-苯甲酰氨基二苯基二硫化物等，用量一般为 0.5～3.0 份，塑炼温度较纯胶塑炼低 5～10℃。

为防止丁苯橡胶塑炼时生成凝胶，除严格掌握适当的工艺条件外，亦可加凝胶阻止剂，如二苯基对苯二胺等。

5.3 顺丁橡胶塑炼特性分析

目前常用的顺丁橡胶穆尼黏度较低（国产顺丁橡胶穆尼黏度一般为 40～50），已具有符合工艺要求的可塑性，一般不必塑炼。但对某些穆尼黏度值高的顺丁橡胶，则仍需塑炼。

顺丁橡胶因分子量分布较窄，分子链又很柔顺，在机械力作用下，易产生分子链的相对滑动，使作用于分子链上的剪切应力小而缺乏塑炼效果。因此低温塑炼对顺丁橡胶的可塑性影响很小，但适当塑炼（辊温 40℃ 左右，辊距 1mm 以下），能使其质地均匀，提高硫化胶的力学性能。

密炼机高温塑炼，可使顺丁橡胶的黏度显著下降。高、中顺式聚丁二烯橡胶在一定条件下（排胶温度 160～190℃，塑炼时间 8～10min），凝胶生成量极小，而低顺式聚丁二烯橡胶的凝胶生成量较大，防止措施是使用胺类防老剂，效果良好。

5.4 氯丁橡胶塑炼特性分析

国产硫黄调节型和非硫黄调节型氯丁橡胶的初始穆尼黏度都较低，一般能满足加工工艺要求，可不进行塑炼。但是，由于氯丁橡胶在储存期内（尤其超过半年），可塑性严重下降，因此仍需塑炼，以获得所需要的可塑性。

氯丁橡胶低温储存时容易结晶变硬，塑炼前应预热以消除结晶，防止损伤设备或弹出伤人。

开炼机塑炼采用薄通法对硫黄调节型氯丁橡胶效果显著。在低温下薄通，其分子链容易断裂，塑炼效果好，温度升高，塑炼效果下降，并会产生粘辊现象，因此硫黄调节型氯丁橡胶的塑炼温度一般为30～40℃（非硫黄调节型氯丁橡胶的塑炼温度为40～45℃）。实验证明，硫黄调节型氯丁橡胶在最初的5～10min塑炼效果显著，15min即可获得符合实际要求的可塑性。五亚甲基二硫代氨基甲酸哌啶是硫黄调节型氯丁橡胶的有效塑解剂。非硫黄调节型氯丁橡胶由于分子结构比较稳定，分子量较低，薄通塑炼效果不大，故短时间塑炼（一般为4～6min）后即可进行混炼。

氯丁橡胶用密炼机塑炼时，要严格控制温度，使排胶温度不高于85℃。用Ⅱ号密炼机塑炼硫黄调节型氯丁橡胶，其工艺条件是：容量为165～170kg，排胶温度75～80℃，塑炼时间4～5min，塑炼胶的可塑度可达0.5（威廉姆）左右。

5.5 丁腈橡胶塑炼特性分析

丁腈橡胶根据其初始穆尼黏度分为软丁腈橡胶和硬丁腈橡胶。软丁腈橡胶可塑性较高（穆尼黏度在65以下），一般不需要塑炼或短时间塑炼即可。硬丁腈橡胶可塑性低（穆尼黏度一般为90～120），工艺性能差，必须进行充分塑炼才能进行进一步加工。丁腈橡胶由于韧性大，塑炼生热大，收缩剧烈，塑炼较为困难。

为获得较好的塑炼效果，应采用低温薄通法进行塑炼。要严格控制塑炼温度（辊温最好在30～40℃），减小辊距（0.5～1mm）和容量（约为天然橡胶容量的1/3～1/2）。利用分段塑炼，并加强冷却（如冷风循环爬架装置）才能提高塑炼效果。

低丙烯腈含量和中丙烯腈含量的丁腈橡胶采用分段塑炼效果较好，而高丙烯腈含量的丁腈橡胶采用一段塑炼即可满足可塑性要求。如在XK-360开炼机上对丁腈橡胶进行分段塑炼，其工艺条件一般是：辊距0.5～1mm，容量10～15kg，塑炼时间20～30min，每段间冷却停放3～4h，经三段塑炼后可塑度可达0.28～0.34（威廉姆）。

粉状配合剂能促进丁腈橡胶的塑炼，粒子越粗作用越大（如粗粒子炭黑、碳酸钙等）。因此，对一般要求的胶料，在塑炼几次以后，胶片表面尚不平滑时，即可加入粉料，以使胶料可塑性有所提高。

丁腈橡胶在高温塑炼条件下，会导致生成凝胶，不能获得塑炼效果，因此，不能使用密炼机塑炼。

5.6 丁基橡胶塑炼特性分析

丁基橡胶常用品种有普通型（如加拿大丁基-300、丁基-301等）和卤化丁基橡胶（如氯化丁基橡胶）。丁基橡胶的初始穆尼黏度为 37～75 时，一般不需要塑炼。但对丁基橡胶进行适当塑炼，可稍许提高生胶可塑性，改善加工性能。

丁基橡胶分子链较短，具有冷流性，分子的不饱和度低，化学结构稳定，因此很难获得塑炼效果。为提高机械塑炼效果，用开炼机塑炼时，应采用低辊温（25～35℃）、小辊距操作，方法是：开始先用较大的辊距使胶料进入辊缝中并包辊（辊距小时，丁基橡胶很难进入辊缝中），然后将辊距调小进行塑炼，为便于操作，前辊温度应比后辊低 10℃ 左右。温度升高时，则应割下胶片，冷却后再塑炼。所以，丁基橡胶单靠机械剪切进行塑炼很困难。必须通过"塑解剂"的化学反应和机械剪切相结合来降低其黏度。常用的塑解剂有过氧化二异丙苯、二甲苯硫醇、五氯硫酚等，用量一般为 0.5～1.0 份。使用塑解剂塑炼时，塑炼胶的可塑性随温度的升高而升高。

丁基橡胶高温塑炼效果较好。用密炼机塑炼，塑炼温度在 120℃ 左右，并添加化学塑解剂，有效用量为 2 份左右，塑解剂以过氧化二异丙苯效果最好，其次是二甲苯硫醇和五氯硫酚等；装胶容量以较大为好（填充系数一般为 0.65～0.70）。

丁基橡胶塑炼时，应保持清洁，严禁其他胶种混入，否则影响产品质量。因此，塑炼前炼胶机必须清洗。

卤化丁基橡胶较硬，容易进行机械塑炼，塑炼时，炼胶机不必清洗。

大多数合成橡胶塑炼后复原性比天然橡胶大，因此，塑炼后最好不要停放，应立即进行混炼，以获得较好效果。

【每一个人也是这样，在社会中的角色不同，所做的工作和发挥的作用也有差异，我们要自觉正确处理自己与他人、个人与集体利益之间的关系，以集体主义为基本道德准则，以全心全意为人民服务为宗旨，树立远大理想，具有高度的社会责任感和艰苦创业、无私奉献的精神，学会做事，更要学会做人。】

任务 6 塑炼工艺质量问题分析

实际生产中，根据制品加工工艺及力学性能的要求，对生胶的塑炼程度（即塑炼胶的可塑度）都有具体的要求。表 2-9 是某轮胎厂对其常用塑炼胶的可塑度要求，工厂快速实验室的任务之一就是通过可塑性测定来衡量塑炼胶的可塑度是否符合要求。

资料扫一扫

塑炼胶质量分析

表 2-9 汽车轮胎常用塑炼胶可塑度的厂订指标

塑炼胶种类	可塑度（威廉姆）	塑炼胶种类	可塑度（威廉姆）
胎面胶	0.25～0.30	油皮胶	0.29～0.30
胎侧胶	0.35 左右	包布胶	0.43 左右
外层帘布胶	0.46～0.48	三角胶	0.29 左右
内层帘布胶	0.42～0.45	内胎胶	0.40～0.42
缓冲层及其帘布胶	0.48～0.52	垫带胶	0.29～0.30

当生胶塑炼不足时，会导致混炼困难、配合剂分散不均，胶料流动性差而不易进行压延和压出操作、半成品收缩率大，成型时黏着性差或胶与纺织物附着力差，产品缺胶或花纹不

饱满，海绵制品起发率低以及胶料焦烧倾向增大等。而塑炼过度又会导致半成品变形大，胶料硫化速率慢，硫化胶机械强度低、永久变形增大、耐磨耗和耐老化性能下降。因此，生产中必须严格控制塑炼胶的质量，及时解决可塑度过低、过高或不均匀等现象，并对质量不合格的塑炼胶提出切实可行的处理意见，如将可塑度过低和可塑度过高的塑炼胶搭配混匀使用等，以保证生产的顺利进行和产品质量。表 2-10 对塑炼胶质量问题的产生原因及改进措施进行了总结。

表 2-10　塑炼胶质量问题的产生原因及改进措施

塑炼方法	质量问题	产生原因	改进措施
开炼机塑炼	可塑度过低	1.塑炼时间短 2.辊距大 3.塑炼温度过高 4.化学塑解剂未加	1.调整塑炼条件:时间、温度、辊距等 2.补充塑炼 3.检查化学塑解剂的用量和使用情况
	可塑度过高	1.塑炼时间过长 2.生胶初始黏度较低 3.化学塑解剂用量过多	1.调整塑炼时间 2.减少塑解剂用量
	可塑度不均匀	1.装胶容量过大 2.翻炼不均匀 3.化学塑解剂分散不均匀	1.减少装胶容量 2.进行补充塑炼,翻炼均匀 3.化学塑解剂制成母胶使用
密炼机塑炼	可塑度过低	1.塑炼时间短 2.塑炼温度太低 3.上顶栓压力不够 4.化学塑解剂未加或用量不足	1.调整塑炼条件:时间、温度 2.增加上顶栓压力 3.检查化学塑解剂用量
	可塑度过高	1.塑炼时间过长 2.塑炼温度过高 3.化学塑解剂用量过多	1.调整塑炼条件:时间、温度 2.减少化学塑解剂用量
	可塑度不均匀	1.塑炼时间短 2.装胶容量太大 3.化学塑解剂分散不均匀 4.压片机上冷却捣合时间不足	1.增加塑炼时间 2.减少装胶容量 3.化学塑解剂制成母胶使用 4.增加压片机上的冷却和捣合时间
螺杆机塑炼	可塑度过低	1.机温过低 2.填胶速度过快 3.出胶空隙过大	1.提高机温 2.降低填胶速度 3.调整出胶空隙
	可塑度过高	1.机温过高 2.填胶速度过慢 3.出胶空隙小	1.降低机温 2.提高填胶速度 3.提高出胶空隙
	可塑度不均匀	1.切胶胶块预热不够或不均匀 2.填胶速度过快或不均匀	1.增加切胶胶块预热时间 2.控制好填胶速度

拓展阅读

橡胶塑炼工艺的前世今生

橡胶，这种古老而又神奇的弹性体，自被发现以来就在人类社会中扮演着举足轻重的角色。从轮胎到密封件，从鞋底到输送带，橡胶制品无处不在，而它们的性能在很大程度上取决于橡胶加工过程中的一个重要环节——塑炼。

早在19世纪中叶，随着橡胶工业的兴起，人们就开始探索如何有效地改善橡胶的加工性能。最初的塑炼方法相对简单粗暴，主要是通过机械撕裂和氧化作用来破坏橡胶的分子链，降低其分子量，从而提高可塑性。然而，这种方法效率较低，且对橡胶的性能影响较大。

随着时间的推移，科学家们对橡胶的分子结构和塑炼机理有了更深入的了解。他们发现，通过控制塑炼过程中的温度、时间和机械力，可以更有效地调节橡胶的分子量分布，从而得到更理想的加工性能。于是，更先进的塑炼设备和工艺逐渐问世。

到了20世纪中后期，随着化学工业的快速发展，化学塑炼方法开始崭露头角。通过在塑炼过程中添加特定的化学试剂，如塑解剂，可以显著降低橡胶的分子量，提高其可塑性。这种方法不仅提高了塑炼效率，还使得橡胶制品的性能更加稳定。

进入21世纪，随着科技的不断进步，橡胶塑炼工艺也迎来了新的发展机遇。一方面，新型的塑炼设备和技术不断涌现，如密闭式炼胶机、超声波塑炼等，这些新技术不仅提高了塑炼效率，还进一步降低了能耗和环境污染。另一方面，随着计算机辅助设计和制造技术的广泛应用，橡胶塑炼过程的自动化和智能化水平也在不断提高。特别是随着人工智能技术的飞速发展，橡胶塑炼工艺有望实现更精准的工艺控制、质量预测及自动化优化，进一步提升生产效率和产品质量。

值得一提的是，近年来，随着环保意识的日益增强，绿色、环保的塑炼方法逐渐成为研究热点。例如，采用生物酶进行塑炼，不仅可以降低能耗和减少废弃物排放，还能提高橡胶的综合性能。这些新方法为橡胶工业的可持续发展提供了新的思路。

回顾橡胶塑炼工艺的发展历程，我们可以看到科技与环保的紧密结合是推动其不断进步的重要力量。未来，随着新材料、新技术的不断涌现，我们有理由相信橡胶塑炼工艺将迎来更加广阔的发展空间和应用前景。

课后训练

1. 什么叫塑炼？生胶塑炼的目的及意义是什么？

2. 塑炼胶可塑性常用哪些方法进行测定？各种方法的优缺点如何？如何计算威廉姆可塑度？

3. 影响橡胶分子链断裂的因素有哪些？试述机械力和温度对塑炼效果的影响及其原因。

4. 机械断链和氧化断链的机理和特征有什么不同？开炼机塑炼和密炼机塑炼所得帘布塑炼胶前者不易粘在一起，而后者易粘在一起的原因是什么？

5. 写出促进剂 M 作天然橡胶塑炼的塑解剂时的作用机理。

6.比较开炼机塑炼和密炼机塑炼的优缺点，并论述开炼机塑炼和密炼机塑炼的主要影响因素。

7.一次塑炼和分段塑炼有何不同？它们各有何优缺点？

8.生胶造粒的目的是什么？怎样进行造粒？

9.用螺杆机塑炼天然橡胶的主要工艺条件是什么？

10.天然橡胶比合成橡胶容易塑炼的原因是什么？

11.怎样在开炼机上塑炼天然橡胶、氯丁橡胶、丁腈橡胶和丁基橡胶？

12.论述塑炼胶可塑性过低、过高或不均匀的根本原因及改进措施。

13.制订天然橡胶海绵胶料生胶塑炼的工艺方法及工艺条件。

项目描述

根据项目胶料混炼加工要求，确定混炼胶的混炼工艺方法、混炼过程，进行混炼实际操作并分析混炼结果，使学生了解混炼原理、混炼胶结构、新型混炼工艺，掌握混炼工艺选择方法并对混炼质量进行分析和处理。

任务 7　混炼原理分析

为提高橡胶制品的使用性能、改善加工工艺性能（便于压延、压出、成型等）、降低生胶用量、节约成本，必须在橡胶中加入各种配合剂。在炼胶机上将各种配合剂均匀而且不形成聚集体混合分散到具有一定塑性的生胶、塑炼胶中的工艺过程称为混炼，经混炼制成的胶料称为混炼胶或母炼胶。

混炼对胶料的加工和制品的质量起着决定性的作用。混炼不好会出现配合剂分散不均、胶料可塑性过低或过高、焦烧、喷霜等现象，使压延、压出、滤胶、硫化等工序不能正常进行，并使制品力学性能不稳定或下降。因此，在混炼工艺中必须满足以下要求：

① 保证配合剂的均匀分散，避免结团现象；

② 使补强剂与生胶产生一定数量的结合橡胶，达到良好的补强效果，以利制品性能的提高；

③ 使胶料具有一定的可塑性，保证各项工艺的顺利进行；

④ 在保证混炼胶质量的前提下，尽量缩短混炼时间，减少动力消耗，避免过炼现象。

7.1　混合与分散

混炼是由混合、混入、分散等各种单元操作组合而成，但最基本的就是配合剂的混合与分散。有学者对混合、混炼、捏合和分散等操作进行分类，如图 3-1（a）、（b）所示，混合是对材料相互的排列进行均等分散配置，使材料粒子的初期形状发生变化并不是其目的；如图 3-1（c）所示，分散和混合就是将聚集体分散为接近单一粒子形态的精细分散混合；如图 3-1（d）所示，混入是指在混合的同时均匀混入粉体粒子表面或粒子间隙，称之为混炼、捏合。

对于相同个数且具有均匀粒径的两种成分（白色 A 粒子和黑色 B 粒子），混合开始处于完全分离状态，如图 3-2（a）所示；而后受到混炼作用而进行混合，如图 3-2（b）所示；但即使进行混合也不会变成黑、白粒子如晶格那样整齐且相互有规律排列的状态，实际上变成黑、白粒子无规分散状态，如图 3-2(c) 所示。

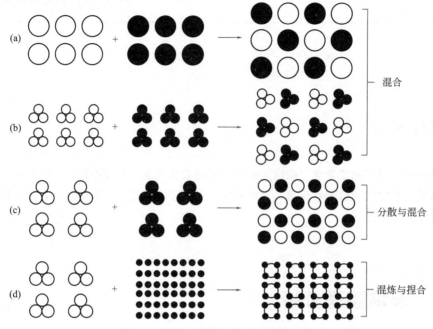

图 3-1　混合、混炼、捏合和分散比较

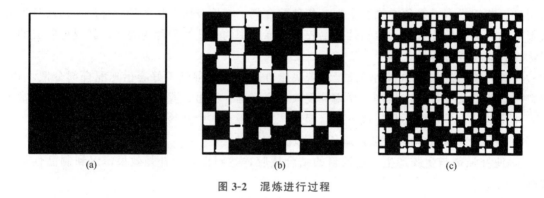

图 3-2　混炼进行过程

7.2　混炼胶结构

7.2.1　配合剂粒径

配合剂加入生胶后，经混炼加工，其粒子的实际分散直径有大于、等于和小于粒子初始直径三种情况。

胶料中常用配合剂的粒子直径见表 3-1。

7.2.2　混炼胶的结构概述

根据胶体化学的概念，分散体系可依据分散相粒子大小大致分为：粒子直径为 0.1～1nm 时为分子分散体系，即真溶液；粒子直径为 1～100nm 时，为胶态分散体系，即胶体溶液；粒子直径为 100nm 以上时为粗粒分散体系，即悬浮体。但这种分类方法并不绝对，某些粒子直径为500nm的分散体系仍表现出胶体性质。根据分析，从大多数配合剂的分散度来衡量，混炼胶结构介于胶态分散体系和粗粒分散体系之间。

表 3-1 几种常用配合剂的粒子直径

配合剂名称	粒径/nm	配合剂名称	粒径/nm
中超耐磨炉黑	17～30	氧化锌	76
天然气槽黑	23～29	硫黄	350～400
高耐磨炉黑	26～44	超细碳酸钙	40～80
混气槽黑	29～48	细碳酸钙	1000～3000
细粒子炉黑	40～56	普通碳酸钙	1000～10000
高定伸炉黑	46～66	硬质陶土	100～2000
细粒子热裂炭黑	134～223	软质陶土	2000～5000
白炭黑	15～20		

研究表明，让大部分配合剂（特别是补强剂）分散到初始粒子大小以求充分发挥其补强作用并无必要，而实际上也不可能。只要配合剂的分散直径达到 $5～6\mu m$ 时，就有良好的混炼效果。而粒子分散直径在 $10\mu m$ 以上时，则对胶料性能极为不利。

但是，混炼胶的这种分散体系却比一般胶体的稳定性强，这是因为：①橡胶的黏度极高，致使胶料的某些特性，如热力学不稳定性在通常情况下不太显著，已于生胶中分散开来的配合剂粒子一般难以聚结和沉降；②再生胶、增塑剂、有机配合剂和硫黄等能溶于橡胶中，从而构成混炼胶的复合分散介质；③混炼胶中的细粒子补强剂（如炭黑、白炭黑等）以及促进剂等能与生胶在接触界面上产生一定的化学和物理结合（但与硫化胶结构不同，仍然具有线型聚合物的流动特性），这对混炼胶的稳定性和硫化胶性能起着重要作用。因此，完全可以认为混炼胶是一种具有复杂结构特性以配合剂为分散相、以生胶为连续相的"胶态"分散体系，或者说是一种胶体物质。

7.3 分散程度

炭黑在胶料中的分散程度对胶料性能的影响如表 3-2 所示。表 3-2 中的分散率是指被分散的炭黑-橡胶团块小于 $6\mu m$ 的含量。

表 3-2 炭黑在胶料中的分散程度对胶料性能的影响

性质	混炼时间/min				
	2	4	8	18	二段混炼
分散率/%	71.4	99.3	100	100	100
穆尼黏度(ML_{1+4},100℃)	122	83	68	63	35
300%定伸强度/MPa	14.3	12.6	12	11.7	12.1
拉伸强度/MPa	21.6	25.5	26	25	26
扯断伸长率/%	460	530	540	530	540
DeMattia 裂口增长(25mm 的千周数)	0.5	11	—	—	27

胶料配方：充油丁苯橡胶 137.5，中超耐磨炉黑 69，硬脂酸 1.5，氧化锌 3，防老剂 1，硫黄 2，促进剂 CZ 1.1。使用 BR 型实验室密炼机混炼（逆混法）。密炼机起始温度 94℃，转速 77r/min。硫化条件（试片）为 144℃×60min，厚试样为 70min。

分散程度的提高与配合剂的表面性质有着重要的联系。配合剂类别虽多，但依据表面性质基本分为两类：一类是亲水性配合剂，如碳酸钙、碳酸镁、硫酸钡、陶土、立德粉、氧化锌、氧化镁及其他碱性无机物等。这类配合剂因粒子表面极性与橡胶极性相差较大，因而不易被橡胶湿润，于胶料中结团而不易分散；另一类为疏水性（亲胶性）配合剂，如各类炭黑等，其粒子表面极性与橡胶极性相似，易被橡胶湿润，容易分散，因此混炼效果较好。

为了提高配合剂（特别是亲水性配合剂）的分散程度，行之有效的方法是在胶料内加入表面活性剂，常用的有硬脂酸、高级醇、含氮化合物、某些树脂和增塑剂等。它们的分子结构中含有不同性质的基团，其中一部分为—OH、—NH_2、—COOH、—NO_2、—NO 或—SH 等极性基团，有亲水性，能产生很强的水合作用；另一部分为非极性碳氢键或苯环式烃基，具有疏水性。

当表面活性剂处于亲水性配合剂表面时，其亲水性基团一端向着配合剂粒子，并产生吸附作用，而疏水性的一端向外，从而使亲水性配合剂粒子表面变成疏水性表面，因此，改善了与橡胶之间的湿润能力，提高了分散效果。此外，表面活性剂又是一种良好的稳定剂，能稳定细分散的配合剂粒子在胶料中的分散状态，使之不能聚结成大的颗粒，从而提高了胶料的稳定性。有的实验表明，当除去硬脂酸的胶料硫化时，因温度升高橡胶黏度下降，在橡胶中分散开来的氧化锌会聚结成 $50\mu m$ 的颗粒，使硫化胶性能下降。可见，在胶料中适当添加表面活性剂不仅对提高混炼效果，而且对提高产品的使用性能都有重要意义。

7.4 混炼过程

混炼过程是配合剂（主要是炭黑）在生胶中均匀分散的过程。由于生胶的黏度很高，不利于配合剂的分散，因此配合剂在生胶中的分散与液态的分散体不完全相同，必须借助于炼胶机的强烈机械作用来强化混炼过程。

混炼过程是通过以下两个阶段完成的。

(1) 润湿阶段　先是橡胶渗入炭黑凝聚体（二次结构）的空隙中，形成浓度很高的炭黑-橡胶团块，分布在不含炭黑的橡胶中。

(2) 分散阶段　然后是这些浓度很高的炭黑-橡胶团块在很大的剪切力下被搓开，团块逐渐变小，直至达到充分分散。

前一个过程就是通常所称的湿润阶段或吃粉阶段。在此阶段中，由于炭黑的粒径一般都较小，比表面积很大，橡胶与炭黑的接触面积就非常大。如每含 10kg 中超耐磨炭黑（比表面积为 $115m^2/g$）的胎面胶料中，橡胶与炭黑粒子的总接触面积可达 $1km^2$。显然，要使橡胶能全部包围炭黑颗粒的表面，而且要渗入炭黑凝聚体的空隙里形成高浓度的炭黑-橡胶团块，这就要求橡胶应具有很好的流动性。橡胶的黏度越低，对炭黑的湿润性就越好，吃粉也就越快。炭黑粒子越粗，结构性越低，越容易被橡胶湿润。

后一个过程就是分散阶段。在此阶段的混炼过程，实际上就是通过加工中对胶料施加剪切力来克服炭黑-橡胶团块中炭黑聚集体（一次结构）粒子之间的内聚力，使其尽可能分散成为接近于单独的聚集体的过程。事实上，随着湿润过程的不断进行，胶料黏度不断上升，当炭黑全部被生胶湿润后，胶料黏度上升到一定值。在随后的分散操作中，可借助浓度很高的炭黑-橡胶团块的较大剪切应力，不断地将炭黑凝聚体搓碎分开，逐渐变小并不断分散到生胶中。当炭黑-橡胶团块中的炭黑凝聚体被逐渐搓开而分散的过程中，胶料黏度和剪切应力逐渐下降，当剪切应力下降到与炭黑聚集体的内聚力相平衡时，分散即不再继续进行。因此，增加胶料黏度和提高切变速率都能相应地提高胶料的剪切应力，以克服炭黑聚集体内聚力对分散的阻碍，从而提高分散效果。此外，高结构炭黑可使胶料获得较高黏度而具有较高的剪切应力，粗粒炭黑因比表面积小而内聚力低，所以都较易分散。

混炼的两个阶段对橡胶黏度的要求是相互矛盾的，为此，正确选择橡胶的可塑性和混炼温度对确保混炼质量是至关重要的。

7.5 结合橡胶的作用

混炼时，橡胶分子能与活性填料（主要是炭黑、白炭黑等）粒子相结合生成一种不溶于橡胶良溶剂的产物，称为结合橡胶或炭黑凝胶。

形成结合橡胶的原因很复杂。一种可能是混炼时橡胶分子断链生成的橡胶自由基通过化学键与炭黑粒子表面的活性部位结合而成的，或者是混炼时炭黑凝聚体破裂生成活性很高的新鲜表面直接与橡胶分子反应的结果。另一种可能是橡胶分子缠结在已与炭黑粒子结合的橡胶分子上，或与之发生交联作用等。

结合橡胶量通常按已结合的橡胶占原有橡胶量的含量来表示。例如100份橡胶与5.0份炭黑混炼胶料的结合橡胶量为30%时，即是有30份橡胶与炭黑发生结合而不能溶于良溶剂中。

结合橡胶的生成不仅对硫化胶性能有利，而且，在混炼初期生成适量的结合橡胶，有助于提高胶料的黏度和剪切应力，这对克服炭黑聚集体的内聚力（即进一步分散的阻力）也是有利的。当炭黑-橡胶团块被搓开后，炭黑粒子产生的新表面又可与另外的橡胶分子相结合，从而使炭黑凝聚体不断变小而最终达到良好的分散。但是，在混炼初期又应避免生成大量的结合橡胶，尤其是应避免生成结合较强的、颗粒较大的炭黑凝胶硬块。因为这些炭黑凝胶硬块不易被剪切应力所搓开，结果难以进一步分散。

结合橡胶的生成量与补强填充剂的粒子大小、表面活性及用量有关，也与橡胶本身的活性、混炼加工条件等有关。

粒度小、表面活性高的炭黑与生胶混炼后容易生成结合橡胶。炭黑用量增加，生成结合橡胶的数量也增加。而粗粒炭黑几乎不生成结合橡胶。

活性大的橡胶，如天然橡胶和其他二烯类合成橡胶等，容易与炭黑形成结合橡胶。活性较小的饱和橡胶，如丁基橡胶、乙丙橡胶等较难生成结合橡胶。混炼时间长，则生成结合橡胶的数量相对增多，如表3-3所示。

表3-3　结合橡胶与混炼时间的关系

混炼时间/min	1	1.5	2	3	4	5
结合橡胶量/%	16.2	16.4	18.3	22.2	27.8	30.2

在混炼周期中，混炼初期结合橡胶的生成速率较快，以后就逐渐减慢，直至在很长时间后（甚至延长至停放一个星期）才趋于稳定。因为存在于橡胶中的自由基要经历较长时间才能与炭黑起反应。

提高混炼温度，一般都能增加结合橡胶的生成量。因此，在高温混炼时，结合橡胶生成量较多。胶料停放温度越高，结合橡胶量增加越多。

从以上分析便可理解低不饱和度的橡胶与炭黑混炼时，采用高温混炼既可提高结合橡胶量又可提高分散度，若在混炼后进行热处理，可进一步增加结合橡胶生成量，从而可以提高胶料的补强效果。对不饱和度高的二烯类橡胶，通常的混炼条件就足以导致橡胶与炭黑的良好结合以及均匀分散，而在混炼开始阶段应避免高温和投入大量炭黑。特别是高活性的顺丁橡胶与低结构高活性的槽黑混炼时，初期不可采用高温，否则易生成结合较强的、颗粒较大的炭黑凝胶硬块，难以进一步分散。理想的混炼程序是混炼初期炭黑与橡胶只有有限的结合而具有较高的剪切应力，而当炭黑分散之后，再升高温度，以促进结合橡胶的形成。结合橡胶使已分散的炭黑粒子在橡胶中"溶剂化"，从而使分散体系稳定。

任务 8　混炼工艺方法选择

橡胶混炼工艺流程为：生胶和配合剂→原材料加工处理→配合→混炼→冷却→停放→混炼胶。

混炼方法按混炼设备有 XK 混炼法、XM 混炼法、XJ 混炼法三种，按混炼次数可分为一段混炼法、二段混炼法、多段混炼法，按混炼时的加料顺序可分为普通加料混炼法（顺料法）、逆混炼法、引料法（种子胶法）。

开炼机和密炼机混炼方法应用最早，至今仍在广泛使用，并正在向着采用高压、高速密炼机进行快速混炼的方向发展。螺杆混炼机混炼是近年来国外刚刚发展起来的一种混炼方法，目前国内只有个别厂家使用。

8.1　开炼机混炼

开炼机混炼是应用最早的混炼方法，其灵活性好，适用于小规模、小批量、多品种的生产，但其生产效率低、劳动强度大、环境卫生及安全性差、胶料质量不高，因此已逐渐淘汰。主要适用于海绵胶、硬质胶等特殊胶料及某些生热量较大的合成橡胶（如高丙烯腈含量的硬丁腈橡胶）和彩色胶料的混炼。目前国内在小型橡胶工厂中使用开炼机混炼仍占有一定比例。

微课扫一扫

开炼机混炼

【通过开炼机混炼，践行诚实守信、精益求精的优良品质。】

8.1.1　混炼过程

开炼机混炼过程可用图 3-3 来模拟，分为包辊、吃粉和翻炼三个阶段。

（1）包辊　胶料包辊是开炼机混炼的前提。由于混炼工艺条件不同及各种生胶的黏弹性不同，混炼时生胶在开炼机辊筒上的行为有四种情况，如图 3-4 所示。第 1 种情况，因温度最低和橡胶过硬，因此难以进入辊筒间隙而破碎下落，不包辊；第 2 种情况，橡胶柔软性适当，橡胶进入辊筒间隙，橡胶以弹力挤压辊筒而紧密包前辊；第 3 种情况，橡胶进一步柔软，一进入辊筒间隙就包辊，但因缺乏弹力而下垂，或者在辊筒间隙处破裂；第 4 种情况，温度高，橡胶更加柔软，而且产生黏性，呈黏流态包辊，但缺乏由弹性产生的张力。

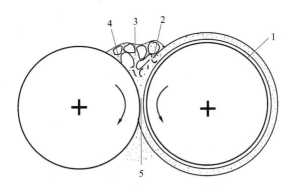

图 3-3 开炼机混炼的模拟图

1—未混入配合剂和填充剂的包辊胶；2,4—混入配合剂和填充剂的堆积包辊胶；
3—浮动的堆积胶；5—高拉伸和高剪切力的粉碎及混合分散

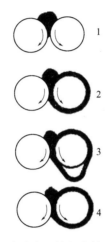

图 3-4 橡胶在开炼机中的几种状况

要想使混炼过程顺利进行，对一般橡胶，应控制在第二种情况下进行，这是因为此时温度适宜，橡胶既有塑性流动又有适当高的弹性变形，有利于配合剂的混入和分散。

橡胶在辊筒上的四种状态与辊温、切变速率、生胶的特性（如黏弹性、强度等）有关，为了使胶料在第二种包辊状态下进行混炼，操作中需根据各种生胶的特性来选择适宜的混炼温度。

天然橡胶和乳聚丁苯橡胶的分子量分布较宽，因而适宜的混炼温度范围较宽，在一般温度下都能很好地包辊，混炼性能良好。而顺丁橡胶的包辊性较差，适宜的混炼温度范围较窄，当辊温超过 50℃时，由于生胶的结晶熔解，变得无强韧性，此时即发生脱辊、破裂现象。因此，顺丁橡胶在混炼时，辊温不宜超过 50℃。

橡胶的黏弹性不仅受温度的影响，同时也受外力作用速率的影响。当切变速率增加时，对橡胶的黏弹性，相当于降低温度，使橡胶的强度和弹性提高，有利于实现弹性态包辊。因此，当出现脱辊时，除降低辊温外，还可以通过减小辊距、加快转速或提高速比的方法使橡胶重新包辊。

此外，对包辊性差的合成橡胶可用先加入部分炭黑的方法来改善脱辊现象，这是因为结合橡胶的生成提高了橡胶强度。

（2）吃粉　混炼的第二个阶段是吃粉。橡胶包辊后，为使配合剂尽快混入橡胶中，在辊缝上端应保留有一定的堆积胶。当加入配合剂时，由于堆积胶的不断翻转和更替，把配合剂带入堆积胶的褶皱沟（图3-5），进而带入辊缝中。我们将配合剂混入胶料的这个过程称为吃粉阶段。

图 3-5　堆积胶断面图（黑色部分表示配合剂随褶皱沟进入胶料内部的情况）

在吃粉过程中，堆积胶量必须适中。如无堆积胶或堆积胶量过少时，一方面，配合剂只靠后辊筒与橡胶间的剪切力擦入胶料中，不能深入胶料内部而影响分散效果；另一方面，未被擦入橡胶中的粉状配合剂会被后辊筒挤压成片落入接料盘，如果是液体配合剂则会粘到后辊筒上或落到接料盘上，造成混炼困难。若堆积胶过量，则有一部分胶料会在辊缝上端旋转打滚，不能进入辊缝，使配合剂不易混入。

在吃粉过程中，加料时要从包辊上均匀加入，当配合剂加入量较大时可分批加入。

（3）翻炼　混炼的第三个阶段为翻炼。由于橡胶黏度大，混炼时胶料只沿着开炼机辊筒转动方向产生周向流动，没有轴向流动，且沿周向流动的橡胶也仅为层流，在胶片厚度约1/3紧贴前辊筒表面的胶层不能产生流动而成为"死层"或"呆滞层"，如图3-6所示；此外，辊缝上部的堆积胶还会形成部分楔形"回流区"，这些都将使胶料中的配合剂分散不均。

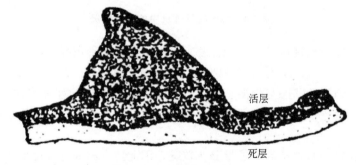

活层

死层

图 3-6　混炼胶吃粉时断面

因此，必须经多次翻炼，左右割刀、打卷或三角包，薄通等，才能破坏死层和回流区，使混炼均匀，确保质地均一。

8.1.2　工艺方法

开炼机混炼有一段混炼和分段混炼两种工艺方法。对含胶率高或天然橡胶与少量合成橡胶并用，且补强填充剂用量少的胶料，通常采用一段混炼法；对天然橡胶与较多合成橡胶并用，且补强填充剂用量较多的胶料，可采用二段混炼方法，以便两种橡胶与配合剂混炼得更均匀。

无论是一段混炼还是二段混炼，在混炼操作时，都先沿大牙轮一侧加入生胶、母炼胶或并用胶，然后依据配方加入各种配合剂进行混炼。

混炼加料有抽胶加料和换胶加料两种方法。抽胶加料适用于生胶含量高者，配合剂在辊筒中间加入；换胶加料一般适用于生胶含量低者，配合剂在辊筒一端加入。在吃粉时注意不要割刀，否则粉状配合剂会侵入前辊和胶层的内表面之间，使胶料脱辊，也会通过辊缝被挤压成硬片，掉落在接料盘上，造成混炼困难。当所有配合剂吃净后，加入余胶，进行翻炼。

翻炼操作方法主要有以下几种。

(1) 薄通法　将辊距调至 1～1.2mm，让胶料通过辊缝，任其落入接料盘中，待胶料全部通过辊缝后，再将落盘的胶料扭转 90°再进行薄通。如此反复进行到规定次数，调大辊距 (10mm 左右)，让胶料包辊、下片。薄通法胶料散热快、不易焦烧、劳动强度较低、操作安全，但配合剂分散不易均匀，尤其是沿辊筒的轴向分散不易均匀。

(2) 三角包法　采用较小辊距 (1～1.5mm) 或较大辊距 (2～2.5mm)，先将包在前辊上的胶料横向割断，随着辊筒的旋转将左右两边胶料不断向中间折叠成一个三角包，如此反复至规定次数，使辊筒之间的胶料不断地由两边折向中间，再由中间分散到两边进行混合。然后放大辊距 (10mm 左右)，包辊、下片。三角包法配合剂分散效果好，胶料质地均一，但由于劳动强度大，操作安全性差，一般只适用于 XK-400 规格以下的开炼机混炼。

(3) 斜刀法　在开炼机辊筒上左右交叉地与辊筒水平线成 75°斜角进行割刀，同时按 15°斜角打卷、割刀和打卷 8 次，即左右各 4 次。辊距一般为 7～8mm。斜刀法配合剂分散较均匀，操作效率高，但由于劳动强度较大，生产中仅适用于 XK-550 规格以下的开炼机混炼。

(4) 打扭操作法和割刀操作法　打扭操作法是将包在辊筒上的胶料横向割断后使其附在前辊筒上，随着辊筒旋转，胶料呈扇形由右向左或由左向右移动，然后以胶片的一边垂直投入炼胶机使之混合。

割刀操作法是把包在辊筒上的胶料左右割刀至尚留有一定宽度的包辊胶后，将刀锋转成 90°让其继续割断胶片，使辊筒上的胶料落在接料盘中，当辊筒上方堆积胶快尽时停止割刀，使盘内胶料随辊筒上的余胶带入两辊筒间，并把胶料向左或右移动。反复数次，使胶料混合均匀。

打扭操作法和割刀操作法劳动强度小，适用于大规格开炼机混炼。割刀操作法还可以装上自动割刀装置代替手工操作，但混炼效果不够理想，所以一般不单独使用，而与其他方法并用。

(5) 打卷操作法　可分为斜卷操作和横卷操作，辊距一般为 7～9mm。斜卷操作是从左向右斜着打卷，当辊筒上的堆积胶快吃净时，把胶卷推向右边，然后再从右向左斜着打卷，如此反复使混炼均匀；横卷操作是割断包辊胶后随辊筒旋转打卷，堆积胶快吃净时，把胶卷扭转 90°放入辊筒间，然后再打卷，如此反复直至达到混炼要求为止。此法混炼效果较好，生产效率较高，但劳动强度大。

这几种翻炼方法，在生产中往往不是单独进行的，通常是几种方法相伴进行。

8.1.3　工艺条件

开炼机混炼依胶料种类、用途和性能要求不同，工艺条件也各有差别。

(1) 加料顺序　恰当的加料顺序有利于混炼的均匀性。加料顺序不当，轻则影响分散均匀性，重则导致脱辊、过炼，甚至发生焦烧。

以天然橡胶为主的混炼加料顺序如下：塑炼胶（再生胶、合成胶）或母炼胶→固体软化剂→小料（促进剂、活性剂、防老剂）→大料（补强剂、填充剂）→液体软化剂→硫黄、超促进剂。

加料顺序是根据配方中配合剂的特性和用量而定的。一般原则是固体软化剂（如古马隆树脂）较难分散，所以先加；小料用量少、作用大，为提高分散效果，较先加入；液体软化剂一般待补强填充剂吃净以后再加，以免补强填充剂结团和胶料打滑；若补强填充剂和液体软化剂用量较多时，可分批（通常为两批）交替加入，以提高混炼速率；最后加入硫化剂、超速促进剂，以防焦烧。以上为一般加料顺序，生产中可根据具体情况予以变动。当混炼特殊胶料时，需特定的加料顺序。如制备硬质胶胶料，由于硫黄用量高（30～50 份），因此先加硫黄后加促进剂；制备海绵胶料，生胶可塑性特别大，软化剂用量又特别多，为避免因胶料流动性太大而影响其他配合剂的分散，软化剂应最后加入；内胎胶料和胶布胶料应在滤胶后、压出或压延前在热炼机上加硫黄和超速促进剂，以防滤胶时发生焦烧。

（2）装胶容量和辊距　装胶容量与混炼胶质量有密切关系。容量过大，会使堆积胶量过多，容易产生混炼不均的现象；容量过小，设备利用率低，且容易造成过炼。适宜的装胶容量可参照炼胶机规格计算出的理论装胶容量，再依据实际情况加以确定。如填料量较多、密度大的胶料以及合成橡胶胶料，装胶容量可小些；使用母炼胶的胶料，装胶容量可大些。

合理的装胶容量下，辊距一般以 4～8mm 为宜。辊距小，剪切力较大，这虽对配合剂分散有利，但对橡胶的破坏作用大。辊距过小，会导致堆积胶过量，胶料不能及时进入辊缝，反而降低混炼效果。辊距大，配合剂分散不均匀。混炼过程中，为了保持堆积胶量适当，在配合剂不断混入、胶料总容量不断递增的情况下，应逐渐增大辊距。

（3）辊温　适当的辊温有助于胶料流动，容易混炼。辊温过高，导致胶料软化而降低混炼效果，甚至引起胶料焦烧和低熔点配合剂熔化结团无法分散。辊温一般应控制在 50～60℃。但在混炼含高熔点配合剂（如高熔点的古马隆树脂）的胶料时，辊温应适当提高。为了便于胶料包前辊，应使前、后辊温保持一定温差。天然橡胶包热辊，此时前辊温度应稍高于后辊；多数合成橡胶包冷辊，此时前辊温度应稍低于后辊。由于大部分合成橡胶或生热量较大，或对温度的敏感性大，因此辊温应低于天然橡胶 5～10℃以上。常用橡胶开炼机混炼的适用辊温如表 3-4 所示。

表 3-4　常用橡胶开炼机混炼的适用辊温

胶种	辊温/℃		胶种	辊温/℃	
	前辊	后辊		前辊	后辊
天然橡胶	55～60	50～55	丁基橡胶	40～45	55～60
丁苯橡胶	45～55	50～60	顺丁橡胶	40～50	40～50
丁腈橡胶	35～45	40～50	三元乙丙橡胶	60～75	85 左右
氯丁橡胶	≤40	45≤	聚氨酯橡胶	50～60	55～60

（4）混炼时间　混炼时间是根据胶料配方、装胶容量及操作熟练程度，并通过试验而确定的。在保证混炼均匀的前提下，可尽量缩短混炼时间，以免造成动力浪费、生产效率下降以及过炼现象。过炼时，胶料可塑性会增大（天然橡胶）或降低（大多数合成橡胶），从而影响胶料的加工性能和硫化胶力学性能。混炼时间一般为 20～30min，特殊胶料可在 40min

以上，合成橡胶混炼时间比天然橡胶长 1/3 左右。

（5）辊筒转速和速比　开炼机混炼时，辊筒转速一般控制在 16～18r/min，速比一般为 1∶(1.1～1.2)。增加转速，可缩短混炼时间，提高生产效率，但操作不安全；速比越大，剪切作用越大，虽可提高混炼速率，但摩擦生热越多，胶料升温越快，易于焦烧。因此开炼机混炼时的速比都应比塑炼小，合成橡胶混炼时的速比应比天然橡胶胶料小。

以开炼机混炼解放鞋大底胶料为例，介绍其混炼工艺条件和操作程序。

配方：天然橡胶（烟片 2#）70，松香丁苯橡胶 30，再生胶 65，硫黄 2.2，促进剂 D 0.39，促进剂 CZ 1.0，氧化锌 5.0，硬脂酸 3.0，高耐磨炉黑 74，固体古马隆树脂 10，锭子油 15，三线油 13，防老剂 D 0.5，合计 289.09，含胶率 42.4%。

技术条件：设备为 XK-360 开炼机；辊温为前辊 45℃ 左右，后辊 40℃ 左右；装胶容量为 25kg；混炼时间为 25min。

混炼操作程序：采用一段混炼法。按原材料称量公差要求将配方中所需原材料进行手工称量和配合；按设备维护使用规程规定，检查设备各部件是否完好，观察空载运行是否正常；调整辊筒温度至所需温度并调整辊距（3～4mm）；将天然橡胶、丁苯橡胶及再生胶靠主驱动齿轮一端 1/3 处投入合炼 3～4min，全部卸下，然后调大辊距至 8～10mm，再投胶轧炼 1min 并抽取余胶；加小料，先加促进剂 M、D、CZ，防老剂 D 及硬脂酸，然后再加氧化锌，时间为 3～4min；待小料全部吃入后，将高耐磨炉黑分两批加入，中间交替加入锭子油及三线油，并将辊距调至 10mm 左右，时间为 10～12min；待配合剂全部吃净后，将余胶全部投入进一步混炼 4～5min，然后抽取余胶；加硫黄，待硫黄全部混入后再将余胶投入，调整辊距 3～4mm，用切落法补充翻炼 1～2min；最后将辊距调至 10mm 左右，下片，在中性皂液槽内隔离冷却 1～2min，然后取出挂置铁架上用强风吹干，并冷却至胶片温度为 40℃ 以下；将胶片在铁桌上叠层堆放，停放 8～24h，供下道工序使用。

8.2　密炼机混炼

密炼机混炼是目前工业化生产中普遍采用的混炼方式，其装胶容量大、混炼时间短、生产效率高，设备占地面积小，投料、混炼及排料操作易实现机械化、自动化，劳动强度小，操作安全，配合剂飞扬损失小，环境卫生条件较好。但因炼胶温度高（通常在 140℃ 以上），易出现焦烧现象，不适宜混炼对温度敏感的胶料、浅色胶料、特殊胶料及品种变换频繁的胶料，设备投资高，并需增加下片工艺。

微课扫一扫

密炼机混炼

8.2.1　胶料在密炼机受力及流动特点

（1）胶料受力情况　开炼机混炼时，真正起混炼作用的只是在堆积胶部分和辊缝处，胶料在辊筒表面呈稳定的层流。而密炼机中，则全部胶料同时受到捏炼，炼胶作用不仅发生在两个相对回转的转子间隙间，而且胶料在转子与混炼室壁的间隙中，以及转子与上下顶栓的间隙中都不断地被剪切、挤压而受到捏炼作用。由此可见，密炼机中的胶料混炼过程与流动状态要比开炼机混炼复杂得多。

（2）胶料流动特点　密炼机的主要工作部位为密炼室。密炼室是由密炼室壁、转子以及上下顶栓组成。转子的断面为椭圆形，在转子上具有两个长度不等的螺旋形突棱，它们的方向相对，长棱斜角30°，短棱斜角为45°。由于两个转子突棱螺旋斜角不同，胶料在密炼室中产生两种流动。

一种是周向流动。装入混炼室的生胶和配合剂等，在两个转子相对旋转下，通过转子的间隙被挤压到混炼室的底部，碰到下顶栓的突棱时被分割为两部分。然后，它们分别随着两转子的回转挤向室壁再回到密炼室上部，在转子不同转速的影响下，两部分胶料以不同的速度再重新汇合。因此胶料在密炼室中形成两个周向流动。

另一种是轴向流动。由于转子表面有螺旋短突棱，当两转子相对回转时，胶料不仅随转子作周向运动，同时还沿着转子螺旋沟槽顺着转子轴向移动，使胶料得以从转子两端向转子中部汇合。这种轴向流动可起到自动翻胶和混合的作用。

此外，由于转子的外表面是带螺旋状的突棱，脊背部各点与转子轴心距离不同，就产生不同的线速度，可使胶料内部相互之间、胶料与转子表面之间以及胶料与密炼室壁之间产生强烈的摩擦、剪切作用，从而大大提高了机械的捏炼效果。

8.2.2 密炼机混炼历程

密炼机混炼历程分湿润、分散及捏炼三个阶段。这三个阶段可以用混炼时测得的电机负荷功率曲线加以分析，如图 3-7 所示。

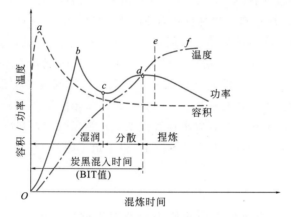

图 3-7 密炼时容积、功率和温度的变化曲线

a—加入配合剂，落下上顶栓；b—上顶栓稳定；c—功率低值；

d—功率二次峰值；e—排料；f—过炼及温度平坦

由图 3-7 可见，密炼机混炼历程随混炼时间的增加，功率出现两次峰值（b 点及 d 点），胶料温度不断上升，容积从 a 点之后不断下降。

（1）湿润阶段 当密炼机中加入全部配合剂开始混炼后，功率曲线随即上升，然后下降。从功率曲线开始上升至下降达到第一个低峰时（c 点），所经历的混炼过程称为湿润阶段，其所对应的时间为湿润时间。在这个阶段中混炼主要表现在橡胶和炭黑混合成为一个整体。

当开始混炼时（a 点），由于所加入的炭黑中存有大量空隙，吸附大量空气，总容积很大，超过装料容积的 30% 左右，上顶栓的压力和混炼作用力使胶料容积迅速减小，上顶栓落在最低位置，功率曲线出现第一次高峰（b 点）。以后，随着橡胶逐渐渗入炭黑凝聚体的空隙之中，胶料容积继续下降，功率曲线也随之下降。当功率曲线下降为最低点时，表明橡胶已充分湿润了炭黑颗粒表面，与炭黑混合成为一个整体，变成了包容橡胶，湿润阶段结束。此时，胶料容积也即趋于稳定。

（2）分散阶段　混炼继续进行，功率曲线由 c 点开始再次上升至第二个高峰（d 点）的阶段称为分散阶段。此阶段的混炼作用主要是通过密炼机转子突棱和室壁间产生的剪切作用，使炭黑凝聚体进一步搓碎变细，分散到生胶中，并进一步与生胶结合生成结合橡胶。由于搓碎炭黑凝聚体消耗能量，结合橡胶的生成使胶料弹性渐增，所以功率曲线回升。另一方面，在炭黑凝聚体被搓开、分散之前，对胶料流动性来说，包容橡胶分子也起着炭黑的作用，因而炭黑的有效体积份增大，胶料黏度变大。随着炭黑凝聚体被逐渐分开，炭黑有效体积份逐渐减小，所以胶料黏度逐渐下降。当黏度下降至使剪切应力与炭黑颗粒内聚力相平衡时，即功率曲线表现出最大值时，可认为是分散过程的终结。

（3）捏炼阶段　功率曲线上 d 点以后的阶段称为捏炼阶段或塑化阶段。在此阶段中，配合剂的分散已基本完成，继续混炼可进一步增进胶料的匀化程度，但也会导致胶料力化学降解而使胶料的黏度继续降低，因此功率曲线缓慢下降。这一过程对于天然橡胶尤为明显。

在整个混炼过程中，由于挤压、摩擦和剪切，胶料温度不断上升。只是在功率最低值（c 点）前后上升暂时缓慢，在超过第二功率峰值后，则上升到平衡值。

在上述过程中，主要的混炼作用集中在前两个阶段。判断一种生胶混炼性能的优劣，常以被混炼到均匀分散所需的时间来衡量。一般以混炼时间-功率图上出现第二功率峰的时间作为分散终结时间，称为炭黑混入时间，即 BIT 值，此值越小，表示混炼越容易。有时第二功率峰值较为平坦，BIT 值不易精确测定，亦可用测定混炼胶的挤出物达到最大膨胀值的时间来表征炭黑-生胶的混炼性能。这种表示法更为精确，如图 3-8 所示。由图 3-8 看出，当混炼进行到分散阶段的终点时，胶料的压出膨胀值上升到最高。这是因为此时胶料黏度降低到较小值，胶料经压出后，松弛时间短，因此立即表现出最大的膨胀值。

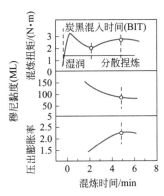

图 3-8　混炼时间与混炼扭矩、穆尼黏度、压出膨胀率之间的关系

8.2.3　工艺方法

密炼机混炼方法按混炼次数主要有一段混炼法、二段混炼法、多段混炼法；按加料顺序主要有普通加料法、引料法和逆混法三种。

（1）一段混炼法　一段混炼法指经密炼机和压片机一次混炼制成混炼胶的方法。

通常采用普通加料法，加料顺序为：生胶→小料→填充剂→炭黑（分两次加入，每次一半）→油料软化剂→排料。胶料直接排入压片机，薄通数次后，使胶料降至 100℃ 以下，再加入硫黄和超促进剂，翻炼均匀后下片冷却、停放。

对于炭黑用量高的胶料，如一次加入炭黑会造成密炼机的负荷过大，影响混炼时间和质量，所以可分两次加入。液体软化剂在补强填充剂之后加，因为混炼温度一般在 120℃ 左右，接近橡胶的流动点，如果先加，会使胶料流动性太大而减少剪切作用，使炭黑结团，影响分散效果。

操作时，每次加料前要提起上顶栓，加料后再放下加压。加压程度根据所加组分而定。如加橡胶后，为使胶温上升并加强摩擦，应施加较大压力；而加配合剂时，则应减小加压程度，加炭黑时甚至可以不加压，以免粉剂受压过大结团或胶料升温过高而导致焦烧。

密炼机一段混炼时，20r/min 慢速密炼机混炼时间一般为 10～12min，混炼特殊胶料（如高填料）时间为 14～16min；40r/min 密炼机混炼时间一般为 4～5min；60r/min 快速密炼机混炼时间为 2～3min。排胶温度应控制在 120～140℃。

（2）二段混炼法　随着合成橡胶用量的增大及高补强性炭黑的应用，对生胶的互容性以及炭黑在胶料中的分散性要求更为严格。因此，当合成橡胶用量超过 50％时，为改进并用胶的掺和和炭黑的分散，应采用二段混炼法。

二段混炼是先在密炼机上进行除硫黄和促进剂以外的母炼胶混炼、压片（或造粒）、冷却停放一定时间（一般在 8h 以上），然后再重新投入密炼机（或开炼机）中进行补充加工、加入硫黄和促进剂。

混炼过程分为两个阶段，第一段与一段混炼法相同，只是不加硫黄和活性较大的促进剂，首先制成一段混炼胶（炭黑母炼胶），然后下片冷却停放 8h 以上。第二段是对第一段混炼胶进行补充加工，待捏炼均匀后排料至压片机加硫化剂、超促进剂，并翻炼均匀下片。

为了使炭黑更好地在橡胶中分散，提高生产效率，通常第一段在快速密炼机（40r/min以上）中进行，第二段则采用慢速密炼机，以便在较低的温度加入硫化剂。

停放的温度和时间对二段混炼的质量有着十分重要的意义。在较低温度下橡胶分子在混炼中产生的剩余应力可使其重新定向，胶料变硬，这就必须使它在第二段混炼时再次受到激烈的机械作用，从而将一段混炼不可能混炼均匀的炭黑粒子搓开。因此，二段混炼胶料断面光亮细致，可塑性增加。假若不把胶料充分冷透，二段混炼也就失去了意义。通常，一段排胶温度在 140℃以下，二段排胶温度不高于 120℃。

二段混炼，不仅其胶料分散均匀性好，硫化胶力学性能显著提高，而且胶料的工艺性能良好，减少焦烧现象的产生。但胶料制备周期长、胶料的储备量及占地面积大。故生产中通常用于高级制品胶料（如轮胎胶料）的制备。

一般当合成胶比例超过 50％时，为改进并用胶的掺和和炭黑的分散，提高混炼胶的质量和硫化胶的力学性能，可以采用二段混炼法。

（3）引料法　引料混炼法在投料的同时投入少量（1.5～2kg）预混好的未加硫黄的胶料，作为"引胶"或"种子胶"，再加其他配合剂。

当生胶和配合剂之间浸润性差、粉状配合剂混入有困难时，采用引料法可大大加快粉状配合剂（填充补强剂）的混合分散速率。例如，丁基橡胶即可采取此法。而且不论是在一段、二段混炼法或是逆混法中，加入"引胶"均可获得良好的分散效果。

（4）逆混法　加料顺序与普通加料法加料顺序相反的混炼方法称为逆混法，即先将炭黑等各种配合剂和软化剂按一定顺序投入混炼室，在混炼一段时间后再投入生胶（或塑炼胶）进行加压混炼。其混炼顺序为，补强填充剂→橡胶→小料、软化剂→加压混炼→排料。

逆混法充分利用装料容积，可缩短混炼时间。还可提高胶料的性能。该法适合于能大量添加补强填充剂（特别是炭黑）的胶种，如顺丁橡胶、乙丙橡胶等，也可用于丁基橡胶。

如轮胎帘布胶采用逆混法混炼，其混炼速率比普通加料方法快，如表 3-5 所示。

表 3-5 两种一段混炼加料法的比较

普通加料方法		逆混法	
混炼操作顺序	时间/min	混炼操作顺序	时间/min
加橡胶、小料	6	依次加入炭黑、橡胶、小料及液体软化剂	1.5~1.67
加炭黑、液体软化剂	3	加压混炼	4
加硫黄、促进剂 TMTD	1	加硫黄、母胶并加压	0.33~0.5
母胶		加促进剂 TMTD、母胶,不加压	1
排料	1	排胶	1
合计	11	合计	8

逆混法还可根据胶料配方特点加以改进,例如抽胶改进逆混法及抽油改进逆混法等。

8.2.4 密炼机混炼的工艺条件

密炼机混炼效果的好坏除了加料顺序外,主要取决于混炼温度、装胶容量、转子转速、混炼时间与上顶栓压力。

(1) 混炼温度 密炼机混炼的温度与胶料性质有关,以天然橡胶为主的胶料,混炼温度一般掌握在 100~130℃。慢速密炼机混炼排料温度 120~130℃,快速密炼机混炼排料温度可达 160℃左右。温度太低,常会造成胶料压散,不能捏合;温度过高,会使胶料变软,机械剪切作用减弱,不利于填料团块的分散,容易引起焦烧,而且加速橡胶的热氧裂解,降低胶料的力学性能或导致过量凝胶,不利于胶料加工。所以,必须加强对密炼机的密炼室和转子的冷却。

(2) 转子转速与混炼时间 提高转子转速能成比例地加大胶料的切变速率,从而缩短混炼时间,提高密炼机生产能力。目前,密炼机转速已由原来的 20r/min 提高到 40r/min、60r/min,有的甚至达到 80r/min 以上,从而使混炼周期缩短到 1~1.5min。

随着转子转速的提高,密炼机冷却系统的效能必须加强。为了获得最好的混炼效果,应依据胶料的特性确定适当的转速。

混炼时间对胶料质量影响较大。混炼时间短,配合剂分散不均,胶料可塑性不均匀;混炼时间太长,则易产生“过炼”现象,使胶料力学性能严重下降。

(3) 装胶容量 装胶容量对混炼胶料质量有直接影响。容量过大或过小,都不能使胶料得到充分的剪切和捏炼,而导致混炼不均匀,引起硫化胶力学性能的波动。适宜的装胶容量与胶料性质、设备等因素有关。如 11# 密炼机,其总容积为 0.253m^3,转子最小距离为 4mm 时,容量系数一般取 0.625,其装胶容量为 0.253×0.625=0.158(m^3)。随着密炼机使用时间的增长,由于磨损转子之间和转子与密炼室壁之间的间隙增大,所以应根据实际情况相应增大装胶容量。此外,塑性大的胶料流动性好,装胶容量应大些。

(4) 上顶栓压力 提高上顶栓压力,不仅可以增大装胶容量,防止排料时发生散料现象,而且可使胶料与设备以及胶料内部更为迅速有效地相互接触和挤压,加速配合剂混入橡胶中的过程,从而缩短混炼时间,提高混炼效率。若上顶栓压力不足,上顶栓会浮动,使上顶栓下方、室壁上方加料口处形成死角,在此处的胶料得不到混炼。上顶栓压力过大,会使混炼温度急剧上升,不利于配合剂分散,胶料性能受损,并且动力消耗增大。慢速密炼机上顶栓压力一般应控制在 0.50~0.60MPa,快速密炼机(转子转速在 40r/min 以上)上顶栓压力可达 0.60~0.80MPa。

8.3 连续混炼

连续混炼是指采用连续混炼机进行连续加料、连续混合、连续排胶的混炼方法。连续混炼过程与间断式混炼的区别在于功率和温度不发生激烈的周期性变化，可将剧烈生热区散发的热量用来预热加料区的生胶和配合剂，从而大大提高设备有效利用系数，并保证稳定的混炼条件，获得性能一致的胶料。因此，连续混炼具有生产效率高、简化工序、占地面积小、节省投资及改善胶料质量等一系列优点。但连续混炼技术水平高、难度大，必须与可靠的配合剂连续称量系统相配套，且由于重新调整设备手续复杂，故只适用于配方组分较少、填充量较少的单一胶料的大规模生产。

连续混炼机的外形与压出机相似，但结构较为复杂，按其结构形式可分为转子式（双螺杆型）和螺杆式、传递式、隔板式（单螺杆型）等。

8.3.1 转子式连续混炼机混炼

混炼设备如图3-9所示。该机有两根相切并排着的转子作相对回转。其工作原理和密炼机相似。生胶和配合剂从自动加料斗加入后，首先受螺杆推进，边推进边进入混炼室混炼，最后胶料从排胶口连续排出。

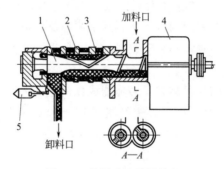

图3-9　转子式连续混炼机

1—转子；2—机身；3—调温装置；4—减速机；5—内部清扫气筒

在混炼过程中，由于转子转速和排胶口的大小可以调节，因此混炼区段内的压力和温度均可控制在所需范围内，生产中可根据胶料性质选择适宜的混炼条件，制备较高质量的胶料。

该机的缺点是冷却面积不够大，热平衡较困难，所以混炼的剪切速率不能太高，因而导致炭黑等粉状配合剂在胶料中的分散情况比用密炼机混炼的胶料差，故还需进行补充混炼。

8.3.2 螺杆式连续混炼机混炼

混炼设备如图3-10所示。该机的主要部件是半沟槽的、前后两段直径不等的螺杆。螺杆螺纹与筒壁之间的距离约为0.5mm，胶料在螺杆与机筒筒壁之间受到强大的机械作用而进行混合。

该机右侧的螺杆沟槽与普通压出机沟槽相同，其作用是便于生胶进料、进行塑炼和推进。右端设有生胶加料口，沿机身的轴向设有2～3个配合剂加料口，螺杆转速一般为40～60r/min。

混炼操作时，生胶应造粒，硫化剂应一次加完，几个加料口不能同时加入过多的配合剂，以保证在短时间内完成混炼。配方组分较多时，配合剂可先进行预混。

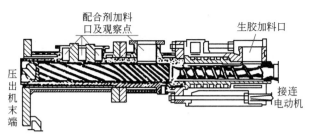

图 3-10 上衬套螺杆式连续混炼机结构

8.3.3 传递式连续混炼机混炼

传递式连续混炼机是一种特殊构型的螺杆压出机，其工作原理如图 3-11 所示。

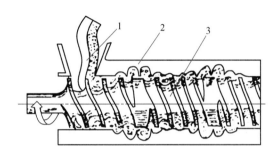

图 3-11 传递式连续混炼机工作原理

1—胶料；2—机筒；3—螺杆

该机结构特点主要是在机筒内壁上刻有与螺杆相适应的螺纹槽。机筒与螺杆的螺纹槽的容积和深浅是不断变化的。当螺杆螺纹槽容积逐渐增大时，机筒螺纹槽容积不断随之减小，相反，螺杆螺纹槽容积逐渐减小时，机筒螺纹槽容积则不断随之增大。即机筒与螺杆上的对应点处螺纹槽的总容积是保持不变的。从而可使胶料反复地从螺杆螺纹中排挤入机筒螺纹槽内，又从机筒螺纹槽内返回螺杆螺纹槽内，如此往返传递，使胶料受到强烈的剪切作用，达到良好的混炼效果。

该机生产效率高，自清性能好。但因混炼温度不易控制而不宜混炼高填充胶料，不能做二段混炼中的一段混炼。生产中一般应用于最终混炼、补充混炼和热炼。

8.3.4 隔板式连续混炼机混炼

该机基本工作原理如图 3-12 所示。其主要工作部分是一个带有横向和纵向挡板的多头螺纹螺杆。胶料在压出过程中，多次地被螺纹和挡板进行分割、汇合、剪切和搅拌而完成混炼过程。

混炼过程中，横向挡板对胶料产生较大的剪切作用，纵向挡板使胶料产生分流和汇合。这样就起到与密炼机相似的捏炼、混合与分散均化的作用，保证了胶料质量的均一性。

该混炼方法的优缺点和应用与传递式连续混炼机混炼相同，只是不能混炼高填充量胶料，其原因是螺杆的长径比实际上不可能过分增大。

目前国外连续混炼主要与快速密炼机混炼相配套。通常用一台装有造粒机头的传递式连续混炼机作快速密炼机混炼的炭黑母炼胶的补充混炼。压出的胶粒经涂隔离剂、冷却送至胶粒储槽，再与配合剂一起投到储斗内送至另一台装有辊筒口型机头的传递式连续混炼机中作

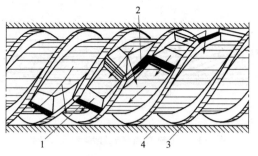

图 3-12 隔板式连续混炼机工作原理

1—横向挡板；2—纵向挡板；3—螺纹；4—机筒

最终混炼。这种配合装置生产能力高，胶料加工费用低、质量好，是胶料混炼的先进工艺方法。

8.4 绿色混炼工艺

在我国大力推行节能减排、循环经济的前提下，混炼作为橡胶工业中能耗最高的工序受到高度关注，开发新的节能混炼工艺并加以推广具有重要意义。混炼工艺的创新主要是将目前的间歇法混炼向连续法混炼工艺发展，其中湿法混炼和低温一次法混炼技术是发展前景最好、节能效果最显著的工艺技术。

8.4.1 湿法混炼

简单来说，湿法混炼技术就是将经过预先加工的炭黑、白炭黑等填料制成水分散体，在液态下与橡胶胶乳充分混合，再经凝聚、脱水、干燥等过程生产橡胶混炼胶的方法。

由于湿法混炼是在液相中完成填料与橡胶的混合和分散，这就使得它可以解决干法混炼的一些问题，一是减少粉尘污染，保护环境；二是降低混炼时的能耗，有利于绿色发展；三是有利于填料更好分散以提高橡胶制品性能，尤其是适用于白炭黑、石墨烯、碳纳米管等较难分散的纳米填料。

某公司研发了一种湿法混炼工艺生产炭黑/NR 母炼胶的专利技术，通过高压喷射装置将炭黑水分散体与天然胶乳在极短时间内混合凝固，将凝固物脱水干燥后得到炭黑/NR 母炼胶，该母炼胶可以连续制备，命名为卡博特弹性体复合材料（CEC），其湿法混炼工艺如图 3-13 所示。

为达到绿色橡胶制品标准，通常在加工中添加更多白炭黑，但白炭黑粒子极细，易飞扬且容易团聚，在以普通方式混炼时，很难将 30 份以上白炭黑添加到橡胶材料当中；而在白炭黑湿法混炼时，能够添加 50 份白炭黑。在白炭黑湿法混炼技术中，即将之前加工的白炭黑填料制作成水分散体，以液态的方式同橡胶胶乳进行混合，经过一定工序生产橡胶混炼胶的方式。目前，白炭黑湿法混炼有三种方式：乳液共凝法、乳液共沉法以及溶胶-凝胶法。其中，乳液共沉是最为简单且目前具有广泛应用的混炼技术，在实际应用中，通过使用防沉剂、分散剂和偶联剂，能够使水中的白炭黑分布更加均匀，同时通过机械力实现同乳胶的融合。

8.4.2 低温一次法混炼

随着汽车工业和高速公共交通的快速发展，对轮胎生产新技术的应用和发展提出了更高

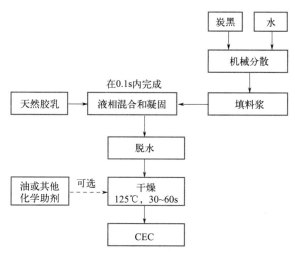

图 3-13　CEC 的湿法混炼工艺

的要求，为进一步改进炼胶质量，克服高用量白炭黑炼胶和混炼胶温度高易产生凝胶的技术难题，世界轮胎公司不断研究和发展低温混炼技术。某轮胎公司开发的一次法低温炼胶系统（OMS）成功实现了低温连续混炼。一次法低温连续混炼技术对轮胎质量与性能的提高和生产成本的降低起到了决定性作用，可在保证胶料质量的前提下提高生产效率，并能做到节能和环保，是各大轮胎企业研究和改进的目标。

低温一次法混炼工艺是指胶料一次性地连续经过短时间高温密炼和长时间低温开炼两个阶段后即完成母炼和终炼全部炼胶过程。胶料的生胶、炭黑、粉料、小料、油料等在密炼机内进行初步混炼，在胶料升温至 160℃后尽快排料至第一段开炼机，对团状的混炼胶进行再次混炼并自动翻胶压片，在密炼机下一次排料之前，一段开炼机将片状胶料输送至自动输送带装置上，通过中央输送系统对称地分配到第二段开炼机上（通常为 6 台），第二段开炼机对分配来的混炼胶进行连续低温充分混炼后，自动加入硫化体系小料（硫黄、促进剂、防焦剂等）并按工艺条件自动进行多步骤精细混炼（自动翻胶、捣胶、调距、胶料温度控制等），直接得到终炼胶，再将终炼胶经导胶输送带运送至胶料输出自动输送带上，进入压片机压片后，输送至冷却装置上进行冷却、吹干、自动摆胶叠片、存放。低温一次法混炼工艺流程简图见图 3-14。

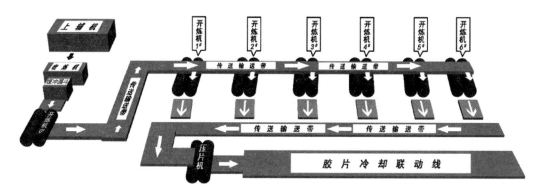

图 3-14　低温一次法混炼工艺流程简图

低温一次法混炼与传统混炼的项目对比见表 3-6。

表 3-6 低温一次法混炼与传统混炼对比

序号	项目	传统混炼	低温一次法混炼
1	混炼温度	高	低
2	分子量分布	宽	窄
3	高温裂解化学分子链	多	少
4	低温机械剪切分子链	少	多
5	炭黑分散性	差	好
6	炭黑凝胶含量	多	少
7	配合剂均匀性	低	高

低温一次法混炼工艺充分利用了密炼机的高速混合、剪切塑化性能，同时又最大限度地减少了高温对胶料的不良影响，把大部分加工过程放在开炼机上低温进行，而且全过程只有一次投料加工过程，开炼机操作实现了无人化，通过自动控制的翻胶和倒胶装置实现胶料的自动化稳定生产。低温一次法混炼具有以下优点：

① 提高混炼胶质量。生产的胶料在可塑度、分散性、均匀性、硬度及硫化特性等方面性能好，且胶料性能的重复性、一致性好，胶料更加均匀稳定。

② 节约大量电能。生产中省去了传统炼胶多个周期的胶料加热再冷却环节，大约可节约 20% 电能。

③ 提高生产效率。混炼过程进行三段混炼，密炼机仅需要进行一段母炼，其余两段混炼均由开炼机完成，可实现连续化生产，产能提升 40% 以上。

④ 节约生产场地。低温一次法炼胶系统减少了在密炼机多段混炼、冷却和胶料中间停放过程，占用建筑面积约为传统混炼生产线的 50%。

⑤ 提高胶料品质的可控性。通过开炼机补充混炼的时长、辊距、辊温、辊速等的合理调整搭配，可以对胶料的穆尼黏度、均匀性、流动性等进行定向、定量的调整，满足不同胶料技术性能需要。

⑥ 减少环境污染。与传统混炼密炼机多次排放热胶烟气相比，低温一次法混炼仅排放一次热胶烟气，开炼机采取冷却措施，温度控制在 90℃ 以下，降低了生产车间烟气浓度，改善了生产车间条件，有利于环境保护。

8.5 补充加工

混炼后的胶料，一般必须进行一系列补充加工，才能供下道工序使用。目前生产中，通常的补充加工主要有冷却、停放及滤胶。

8.5.1 冷却

混炼胶料经压片后温度较高（一般为 80~90℃），若不及时冷却，则胶料容易产生焦烧现象，且在停放过程中易产生粘连，因此必须进行强制冷却。为了避免胶片在停放时产生自粘，需涂隔离剂（如油酸钠液或陶土悬浮液等）进行隔离处理。

最简单的冷却方法是将开炼机上割下的胶片浸入加有隔离剂的水槽中，然后取出挂置晾干。这种方法的缺点是要用手工劳动，劳动卫生条件较差。

较好的办法是将胶片挂至有喷淋装置的悬挂式运输链上（喷涂陶土悬浮液等），然后用冷风吹干。这种方法的缺点是悬挂式运输机的装料和卸料还要靠手工进行。

最好的办法是将从开炼机或带有出片机头的螺杆机出来的连续胶片自动切割成块，然后通过辊道，用水或隔离液喷淋冷却。胶片必须冷却至35℃以下，方可堆垛停放（或储存）。

8.5.2 停放

胶片冷却后必须在铁桌（或储槽内）于室温下停放8～24h，才可供下道工序使用。

停放的目的主要是有利配合剂在胶料中的继续扩散，提高分散的均匀性；使橡胶和炭黑间进一步相互作用，生成更多的结合橡胶，提高补强效果。实际生产中，也有不经停放而进行热流水作业的。

8.5.3 滤胶

一些薄壁、气密性能要求好的制品胶料（如内胎胶料、胶布胶料等）要进行滤胶，以便除去杂质。

滤胶通常在滤胶机中进行，机头装有滤网（一般为2～3层），滤网规格视胶料要求而异，如内胎胶料，内层滤网一般为30～40目（112～256 孔/cm^2），外层滤网为20～30目（64～112 孔/cm^2）。滤胶时，排胶温度应控制在125℃以下。

任务 9 常用橡胶混炼特性分析

9.1 天然橡胶混炼特性分析

天然橡胶具有良好的混炼性能。其包辊性好，在机械捏炼时，塑性增加快而生热量低，因此对配合剂的湿润性好，吃粉快，分散也较容易，混炼时间短，混炼操作易于掌握。但混炼时间过长时，会导致过炼，使硫化胶性能明显下降，严重时会产生粘辊现象。因此，混炼时应严格控制混炼时间等工艺条件。

天然橡胶可采用开炼机或密炼机混炼。开炼机混炼时辊温一般控制在50～60℃（前辊应较后辊高5℃），液体软化剂的加入顺序要在填料之后，混炼时间一般为20～30min。密炼机混炼时，多采用一段混炼法，排胶温度一般控制在140℃以下。

9.2 丁苯橡胶混炼特性分析

丁苯橡胶混炼时，生热较大，胶料升温快，因此混炼温度应比天然橡胶低。此外，丁苯橡胶对配合剂的湿润能力较差，配合剂在丁苯橡胶中较难混入，因此混炼时间要比天然橡胶长。

丁苯橡胶在机械加工时，配合剂分散效果较好，不易产生过炼，故生产中采用开炼机及密炼机混炼均可。采用开炼机混炼时，要加强辊筒冷却，装胶容量应少于天然橡胶10%～15%，辊距也宜较小（一般为4～6mm），混炼温度控制在45～55℃，前辊温应低于后辊温5～10℃，混炼时间应比天然橡胶长20%～40%。混炼时某些配合剂（如氧化锌）应在早期加入，炭黑要分批加入，配合剂全部混入后，需增加薄通次数，并进行补充加工，才能得到均匀分散。通常，以采用二段混炼法为好。

采用密炼机混炼时，一般采用二段混炼法。装胶容量应比天然橡胶少（容量系数一般选0.60左右），炭黑也应分批加入，为防止高温下的结聚作用，排胶温度应控制在130℃以下。

9.3 顺丁橡胶混炼特性分析

顺丁橡胶因弹性复原大、冷流性较大，故混炼效果较差。其包辊性差，混炼时易脱辊，一般需与天然橡胶、丁苯橡胶并用。

开炼机混炼时，宜采用二段混炼法。为防止脱辊，宜采用小辊距（一般为3～5mm）、低辊温（40～50℃），前辊温低于后辊温5～10℃的工艺条件。为了提高配合剂的分散效果，需进行补充加工。

采用密炼机混炼其效果较开炼机混炼好。装胶容量可适当增大，混炼温度也可稍高，以利配合剂的分散，排胶温度可控制在130～140℃。可采用一段混炼或二段混炼方法。但当配用高结构细粒子炉黑或炭黑含量大时，采用二段混炼更有利于炭黑的均匀分散。亦可采用逆混法混炼，能节约40%左右的炼胶时间，其排胶温度也可低10～20℃。

9.4 氯丁橡胶混炼特性分析

氯丁橡胶开炼机混炼时的缺点是生热大，易粘辊，易焦烧，配合剂分散较慢，因此混炼温度宜低，容量宜小，辊筒速比也不宜大。

由于对温度的敏感性强，通用型氯丁橡胶在常温～71℃时为弹性态，混炼时容易包辊，配合剂也较易分散。高于71℃时，便呈现粒状态，此时生胶内聚力减弱，不仅严重粘辊，配合剂分散也很困难。非硫黄调节型氯丁橡胶的弹性态温度在79℃以下，故混炼工艺性能比硫黄调节型好，粘辊倾向和焦烧倾向较小。

用开炼机混炼时，为避免粘辊，辊温一般控制在40～50℃以下（前辊比后辊温低5～10℃），并且在生胶捏炼时，辊距要逐渐由大到小进行调节。混炼时先加吸酸剂氧化镁，以防焦烧，最后加入氧化锌。为了减少混炼生热，炭黑和液体软化剂可分批交替加入。硬脂酸和石蜡等操作助剂可分散地逐渐加入，这样既可帮助分散，又可防止粘辊。硫黄调节型氯丁橡胶的混炼时间一般比天然橡胶长30%～50%，非硫黄调节型氯丁橡胶混炼时间可比硫黄调节型短20%左右。

为避免氯丁橡胶混炼时升温过快，速比宜小（1∶1.2以下），冷却效果要好。减小炼胶容量也是保证操作安全、分散良好的办法。目前国内硫黄调节型氯丁橡胶的炼胶容量比天然橡胶应少20%～30%，方可正常操作。

由于氯丁橡胶易于焦烧，故密炼机混炼时通常采用二段混炼方法。混炼温度应较低（排料温度一般控制在100℃以下），装胶容量比天然橡胶低（容量系数一般取0.50～0.55），氧化锌在第二段混炼时的压片机上加入。

9.5 丁腈橡胶混炼特性分析

丁腈橡胶通常用开炼机混炼。但其混炼性能差，表现在混炼时生热大，易脱辊，对粉状配合剂的湿润性差，吃粉慢，分散困难，当大量配有炭黑时会因胶料升温快而易于焦烧。

为了使混炼操作顺利进行，并保证混炼质量，混炼时通常采用小辊距（3～4mm）、低辊温（35～50℃、前辊温低于后辊温5～10℃）、低速比、小容量（为普通合成橡胶的

70%～80%）和分批逐步加料的方法。由于硫黄在丁腈橡胶中溶解度小、分散困难，所以在混炼初期加入，促进剂最后加入。炭黑等粉状配合剂和液体软化增塑剂可分批交替加入。加配合剂时切勿操之过急，可自辊筒一端逐步加入，使一部分胶料始终包牢辊筒的另一端，以防胶料全部脱辊。为避免焦烧，应在吃完全部配合剂后稍加翻炼便取下冷却，然后再薄通翻炼。一般丁腈橡胶的混炼时间约比天然橡胶长一倍，比丁苯橡胶长25%。

由于丁腈橡胶的生热量大，通常不采用密炼机混炼。若用密炼机混炼时，应加强混炼室和转子的冷却，先加丁腈橡胶和硫黄，补强填充剂要少量慢加，排胶温度要严格控制在140℃以下。排料后移到压片机上继续混炼时，应立即通入冷却水，使胶料降到无焦烧危险的安全温度下，再加入促进剂。

采用引料法混炼可提高配合剂的分散效果，并缩短混炼时间。

9.6 丁基橡胶混炼特性分析

丁基橡胶冷流性大，配合剂分散困难。用开炼机混炼时，包辊性差，高填充时胶料又易粘辊。生产上一般采用引料法（即待引胶包辊后再加生胶和配合剂）和薄通法（即将配方中的一半生胶用冷辊及小辊距反复薄通，待包辊后再加另一半生胶）。混炼温度一般控制在40～60℃（前辊温应比后辊温低10～15℃），速比不宜超过1∶1.25，否则空气易卷入胶料中引起产品起泡。配合剂应分批少量加入，在配合剂吃净前不可切割。

混炼时若出现脱辊现象，可适当降低辊温。发现过分粘辊现象，可用升温的方法使胶料脱辊。也可在胶料中加入脱辊剂，如硬脂酸锌、低分子聚乙烯等，用量2～2.5份。

丁基橡胶用密炼机混炼时可采用一段混炼和二段混炼以及逆混法。装胶容量可比天然橡胶稍大（5%～10%），尽可能早地加入补强填充剂可以产生最大的剪切力和较好的混炼效果，混炼时间比天然橡胶长30%～50%。混炼温度一般控制在：一段混炼排胶温度121℃以下，二段混炼排胶温度155℃左右。

高填充胶料在密炼机混炼时易出现压散（如粒化）现象，处理方法是增大装胶容量或采用逆混法。

为了改善混炼效果，提高结合橡胶含量，可对混炼胶料进行热处理。即将热处理剂（如对二亚硝基苯）1～1.5份混入丁基橡胶中，然后在高温下进行处理。热处理分动态和静态两种，前者在密炼机上与第一段混炼一并进行，处理温度为120～200℃；后者置于直接蒸汽或热空气中进行2～4h。

丁基橡胶的饱和度高，混炼时不能混入其他生胶，以免影响胶料质量，为此在混炼前必须彻底清洗机台。

9.7 乙丙橡胶混炼特性分析

乙丙橡胶因自黏性差，不易包辊，故混炼效果较差。用开炼机混炼时，一般先用小辊距使生胶连续包辊后，然后逐渐调大辊距，加入配合剂。混炼温度一般控制为前辊温60～75℃，后辊温85℃左右。混炼时，可先加入氧化锌和一部分补强填充剂，然后再加另一部分补强填充剂和操作油。操作油能改善乙丙橡胶的混炼工艺性能。硬脂酸因易造成脱辊，宜在后期加入。

乙丙橡胶用密炼机混炼效果较好，混炼温度一般为150～160℃，装胶容量可比一般胶料高 10％～15％。对于配合大量填料和油料的胶料，宜采用逆混法。

热处理对乙丙橡胶混炼效果及胶料力学性能的提高十分有效。处理方法是在 190～200℃下，将生胶、补强填充剂及 1.5～2 份热处理剂（对二亚硝基苯）一起混合 5～10min。然后再降温加入其他配合剂。

近年来开发了颗粒或碎屑、片状包装以代替压块包装。这些形态的橡胶混炼效果较好，其配合剂分散均匀、混炼时间短且节省能源。

任务 10 混炼工艺质量问题分析

10.1 混炼胶快检项目

混炼胶料质量的好坏直接关系着以后各工序的工艺性能和制品的最终质量。因此控制和提高混炼胶料的质量是橡胶制品生产中的重要一环。评估混炼胶质量的手段是进行快速检验。

快检的方法是在每个胶料下片时于前、中、后三个部位各取一个试样，测定其可塑度、密度、硬度和初硫点等，然后与规定指标进行比较，看是否符合要求。此外，还有在流水线上检测和目测检查混炼胶分散程度等方法。快检的目的是判断胶料中配合剂是否分散良好，有无漏加或错加，以及操作是否符合工艺要求等，以便及时发现问题和进行补救。

【培养责任感和质量意识。】

10.1.1 可塑度测定

将所取三个试样用威廉姆可塑度计测其可塑度值，以检查胶料的可塑度是否符合指标要求和是否均匀。可塑度测定主要是检验胶料的混炼程度（如混炼不足或过炼）和原材料（如生胶、补强填充剂、软化剂等）是否错加或漏加等。

10.1.2 密度测定

将所取三个试样依次浸入不同密度的氯化锌水溶液中进行密度测定，主要是检验胶料是否混炼均匀，以及是否错加或漏加生胶、补强填充剂等原材料。

10.1.3 硬度测定

将所取三个试样在规定的温度和时间下快速硫化成试片，然后用邵氏 A 型硬度计测出其硬度值。硬度测定主要是检验补强填充剂的分散程度，硫化的均匀程度，以及原材料（如硫化剂、促进剂及生胶、补强填充剂、软化剂）的错加或漏加等。

10.1.4 初硫点测定

将所取试样在规定的硫化温度下测定其达到定型点所需要的时间，即为初硫点。初硫点的测定主要是检验硫化剂、促进剂是否错加、漏加以及判断混炼胶的焦烧程度和混炼操作是否按工艺要求（如混炼温度、加料顺序、容量等）进行。

为了适应现代化生产需要，提高测定胶料黏弹性和硫化特性精确程度，缩短快检时间，很多企业已应用流变仪来检验混炼胶的质量，可测定出胶料初始黏度、焦烧时间、正硫化时间、硫化速率、硫化平坦性、硫化胶模量等一系列工艺参数和全部硫化性能。

只要将被测定胶料的硫化曲线与标准硫化曲线进行比较，就可发现混炼胶质量所存在的问题及产生原因。

10.2 硫化特性测定

为了测定橡胶硫化程度及橡胶硫化过程，过去采用的方法有化学法（结合硫法、溶胀法）、力学性能法（定伸应力法、拉伸强度法、永久变形法等），这些方法存在的主要缺点是不能连续测定硫化过程的全貌。硫化仪的出现解决了这个问题，并把测定硫化程度的方法向前推进了一步。

硫化仪是 20 世纪 60 年代发展起来的一种较好的橡胶测试仪器。广泛应用于测定胶料的硫化特性。硫化仪能连续、直观地描绘出整个硫化过程的曲线，从而获得胶料硫化过程中的某些主要参数。如诱导时间（焦烧时间 t_{10}）、硫化速率（$t_{90} \sim t_{10}$）、硫化度及适宜硫化时间 t_{90}。它具有连续、快速、精确、方便和用料少等优点而被广泛应用。

10.2.1 测试原理

由于橡胶硫化是分子链交联的过程，因而交联密度的大小可反映出硫化程度。所以可以用交联密度反映橡胶的硫化程度，又由于胶料的剪切模量与共交联密度成正比，可用下列公式表示：

$$G = VRT \tag{3-1}$$

式中　R——气体常数；

　　　V——交联密度；

　　　T——热力学温度；

　　　G——剪切模量。

在选定的温度下，R、T 为常数，剪切模量 G 只与 V 有关。因此通过测定的 G 即可反映交联过程，硫化仪就是在一定的压力和温度下将被测胶料密封于带转子的模腔内，由于转子的振荡，使试样产生往复的剪切变形，自动地连续绘出与剪切模量成正比的转矩随时间变化曲线，即硫化曲线。如图 3-15 所示。

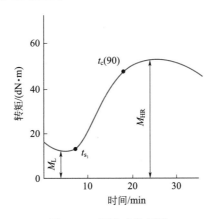

图 3-15　橡胶硫化历程

从对硫化曲线的解析中可以知道，开始转矩下降，这是由于开始时胶料由硬变软，流动性增加，而此时橡胶没有交联或者交联稀少，因而转矩下降，在硫化过程中是交联和裂解竞争过程，开始交联后，交联大于裂解，转矩逐步上升，当转矩上升到一个稳定值或达到一个最大值时，试样达到安全硫化。如果继续进行硫化，对 NR 等胶料，裂解大于交联转矩下降，这种现象称为返原现象，而丁苯橡胶（SBR）、顺丁橡胶（BR）等合成胶则不产生返原现象。

10.2.2 试验结果

硫化仪可得到的曲线有 3 种：转矩一直随着硫化时间增长而增加；转矩达到最大值以后，又出现下降（返原现象）；转矩达到最大值以后基本保持不变。

从图 3-16 的硫化曲线上可取得如下数据：

M_L——最低转矩，N·m；

M_{HF}——平衡状态的转矩，N·m；

M_{HR}——最高转矩（返原曲线），N·m；

M_H——到规定时间之后，仍然没有出现平衡转矩的硫化曲线所达到的最高转矩，N·m；

t_{s_2}——初期硫化时间（焦烧时间），即从试验开始到曲线由最低转矩上升 0.2N·m 时所对应的时间（振荡幅度为 3°）；

t_{s_1}——初期硫化时间（焦烧时间），即从试验开始到曲线由最低转矩上升 0.1N·m 时所对应的时间（振荡幅度为 1°）；

t_{10}——初期硫化时间（焦烧时间），即从试验开始到曲线由最低转矩上升 10%（$M_H - M_L$）时所对应的时间；

$t_{c(X)}$——试样达到某一硫化程度所需要的时间，即试样转矩达到 $M_L + X(M_H - M_L)$ 时所需的时间，建议 X 值取 0.5，即所得 50% 硫化度所需要的时间；

t_{90}——试样达到最适硫化的时间，即由试验开始到转矩达到 $M_L + 90\%(M_H - M_L)$ 时所需的时间。

$$V_c = 100/(t_{90} - t_{s_2}) \tag{3-2}$$

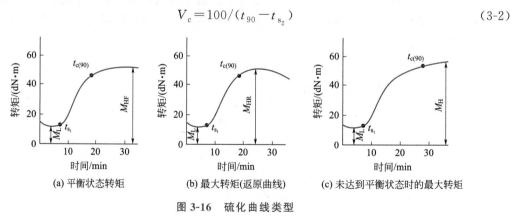

(a) 平衡状态转矩　　(b) 最大转矩(返原曲线)　　(c) 未达到平衡状态时的最大转矩

图 3-16　硫化曲线类型

10.2.3 测试影响因素

（1）试验温度　当温度升高时，硫化速率增快，因而影响了试验结果的准确性，所以必须严格控制试验温度，温度波动范围不超过 ±0.3℃。

（2）转子振荡角度和转子的清洁程度　转子振荡角度大，则转矩也大。一般软质胶采用大振荡角为宜，而硬质胶料用小振荡角较合适，这样可以克服试样打滑现象。转子上有胶堵塞或不洁时，也易造成打滑现象而影响试验结果。

（3）试样体积　试样体积大小应适宜，太小则填不满模腔，致使试样在转子与模腔中滑动影响测试精度，如太大，溢胶多、浪费大。

10.3 质量问题分析及处理

混炼胶料在质量上出现的问题，一方面是由于混炼过程中违反工艺规程，另一方面是混炼的前几个工序（如塑炼、配合剂的补充加工及称量等）操作不当造成的。混炼胶料经常出现的质量问题有以下几个方面。

10.3.1 配合剂结团

造成配合剂结团的原因很多，主要有：生胶塑炼不充分；粉状配合剂中含有粗粒子或结团物；生胶及配合剂含水率过大；混炼时装胶容量过大、辊距过大、辊温过高；粉状配合剂落到辊筒上被压成片状；混炼前期辊温过高形成炭黑凝胶硬粒太多等。

对配合剂结团的胶料可通过补充加工（如低温多次薄通），以改善其分散性。

10.3.2 可塑性过大、过小或不均匀

形成混炼胶料可塑性过大、过小或不均匀的主要原因有塑炼胶可塑性不适当；混炼时间过长或过短；混炼温度不当；混炼不均匀，软化增塑剂多加或少加；炭黑少加或多加以及炭黑错配等。

对于可塑性过大、过小或不均匀的胶料，若料重正常，硬度、密度基本正常时，可少量掺入正常胶料中使用（掺和量10％～30％），或将可塑性过大与过小的胶料掺和使用，也可将可塑性过小的胶料进行补充加工。若不符合料重、硬度、密度等指标，则作废料处理。

10.3.3 密度过大、过小或不均匀

混炼胶料密度过大、过小或不均匀的主要原因有配合剂称量不准确、错配或漏配；混炼加料时错加或漏加；混炼不均等。

对因混炼和硬度不均的胶料可以经补充加工解决之。

10.3.4 初硫点慢或快

造成混炼胶料初硫点慢或快的主要原因有硫化体系配合剂称量不准确、错配和漏配；补强剂错配以及混炼工艺条件（如辊温、时间、加料顺序等）掌握不当等。

对初硫点慢或快的胶料，不能简单地采用掺和使用的处理方法。必须查清原因，交技术部门处理。

10.3.5 喷霜

喷霜是一种由于配合剂喷出胶料表面而形成一层类似"白霜"的现象，多数情况是喷硫，但也有的是某些配合剂（如某些品种防老剂、促进剂TMTD或石蜡、硬脂酸等）的喷出，还有的是白色填料超过其最大填充量而喷出（喷粉）。

引起喷霜的主要原因有生胶塑炼不充分；混炼温度过高；混炼胶停放时间过长；硫黄粒子大小不均、称量不准确等。有的也因配合剂（硫黄、防老剂、促进剂、白色填料等）选用不当而导致喷霜。

对因混炼不均、混炼温度过高以及硫黄粒子大小不均所造成的胶料喷霜问题，可通过补充加工加以解决。

10.3.6　焦烧

胶料出现轻微焦烧时，表现为胶料表面不光滑、可塑度降低；严重焦烧时，胶料表面和内部会生成大小不等的有弹性的熟胶粒（疙瘩），使设备负荷显著增大。

胶料产生焦烧的主要原因有：混炼时装胶容量过大、温度过高、过早地加入硫化剂且混炼时间过长；胶料冷却不充分；胶料停放温度过高且停放时间过长等。有时也会由于配合不当、硫化体系配合剂用量过多而造成焦烧。

对出现焦烧的胶料，要及时进行处理。轻微焦烧胶料，可通过低温（45℃以下）薄通，恢复其可塑性；焦烧程度略重的胶料可在薄通时加入 1%～1.5% 的硬脂酸或 2%～3% 的油类软化剂使其恢复可塑性。对严重焦烧的胶料，只能作废胶处理。

10.3.7　力学性能不合格或不一致

为确保成品质量，工厂实验室要定期抽查胶料的力学性能。影响胶料物性的因素很多，所以正常生产中，同一胶料的性能也会有差别，但若差别太大、力学性能降低太多时就是严重的质量问题。

造成力学性能降低或不一致的主要原因有配合剂称量不准确、漏配或错配；混炼不均或过炼；加料顺序不规范；混炼胶停放时间不足等。

对力学性能不合格的胶料需进行补充加工、与合格胶料掺和使用（掺和量 20% 以下）或降级使用。

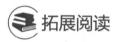 拓展阅读

混炼胶的发展史

混炼胶的发展史可以追溯到橡胶工业的早期阶段，随着技术的进步和工业化的发展，混炼胶的生产和应用经历了显著的演变。以下是混炼胶发展史的一些关键点。

混炼胶行业：混炼胶是通过在橡胶中加入各种配合剂制成的混合橡胶，这一过程对于确保橡胶材料的均匀性和加工性能至关重要。

传统橡胶制品企业：在早期，传统橡胶制品企业通常会配备相应规模的橡胶混炼生产线，以保证其产品的橡胶供应。

专业化发展：随着橡胶工业的发展，混炼橡胶的生产开始从橡胶制品生产中分离出来，形成了独立的细分市场，专业橡胶生产企业开始涌现。

市场规模的增长：20 世纪 90 年代，随着中国橡胶制品工业的快速发展，混炼橡胶工业开始作为一个独立的细分领域出现。

环保法规的影响：2010 年以来，随着国家环保法律法规的要求，一些中小型橡胶制品企业的混炼胶生产线停产，促进了专业橡胶混炼胶生产企业的发展。

技术进步：传统干法混炼技术已有近 200 年历史，但存在能耗高、污染重、填料分散性差等问题。近年来，化学炼胶技术作为全球首创的合成橡胶连续液相混炼关键技术，代表了混炼技术的重大进步。

市场现状与竞争格局：目前，中国是全球最大的混炼胶生产市场，占有大约 30% 的市场份额，并且市场集中度有望不断提升。

市场趋势：全球橡胶混炼胶市场将继续保持稳定增长，环保型、高性能的橡胶混炼胶产品将逐渐成为市场的主流。

混炼胶的发展历程体现了橡胶工业从手工作坊到现代化工业的转变，以及对环保和效率的日益重视。随着技术的不断进步和市场需求的增长，混炼胶行业将继续发展和创新。

课后训练

1. 什么叫混炼？混炼的目的和意义是什么？

2. 配合剂的分散性受哪些因素的影响？

3. 胶料混炼过程的实质是什么？论述结合橡胶对混炼过程的影响。

4. 配合剂为什么要准备加工？生产中哪些配合剂需要准备加工？举例说明。

5. 开炼机混炼包括哪三个阶段？试简述之。

6. 论述开炼机混炼的工艺方法及影响因素。哪些胶料适宜用开炼机混炼？

7. 如何用密炼机进行胶料的一段混炼和二段混炼？它们各有何优缺点？何时应用？

8. 影响密炼机混炼的因素有哪些？试简述之。

9. 胶料混炼后需进行哪些补充加工？为什么要进行这些补充加工？其工艺方法和工艺条件是什么？

10. 常用合成橡胶的混炼工艺特点如何？为什么？

11. 混炼胶快检的目的是什么？快检项目有哪些？

12. 生产中如何克服焦烧现象？对焦烧的胶料应如何处理？

13. 制备炭黑母炼胶时，应如何确定炭黑的配比量？现欲制备 NR70/SBR30 的炭黑母炼胶，如炭黑吸油值为 1.04mL/g，天然橡胶相对密度为 0.92，丁苯橡胶的相对密度为 0.94，如何确定母炼胶中炭黑的配比量？

项目 4
橡胶压延工艺

 项目描述

本项目主要包括橡胶压延工艺所涉及的压延原理分析、压延工艺条件确定以及压延质量问题的分析及解决等内容，了解压延原理、掌握常见橡胶的压延特性、掌握压延工艺选择方法并能对常见压延质量问题进行分析和处理。

任务 11　压延原理分析

压延是胶料通过专用压延设备对转辊筒间隙的挤压，延展成具有一定规格、形状的胶片，或使纺织材料、金属材料表面实现挂胶的工艺过程。它包括压片、贴合、压型、贴胶和擦胶等作业，表 4-1 示出了压延加工的种类。压延是一项精细的作业，直接影响着产品的质量和原材料的消耗，在橡胶制品加工中占有重要地位。

表 4-1　压延加工的种类

加工种类	加工目的	加工状态评价内容
压片	胶料通过速比较小的辊筒之间,压制成有一定厚度、宽度和长度的未硫化胶片	尺寸和表面光滑性等
贴合	通过压延机等速辊的同时,将两层薄胶片贴合成一层胶片	尺寸(层厚均一性)和贴合强度等
贴胶	用压延机两个等速辊筒的压力将一定厚度的胶片贴合于织物上	胶料与织物的密着性和尺寸等
擦胶	以黏合为目的,用速比较大的压延机辊筒将胶料擦入织物的纤维中	胶料与纤维的密着性和胶料进入纤维间的程度等
压型	将胶料压制成带一定花纹的胶片(用作轮胎胎面胶、门窗密封条和压型制品等)	尺寸和表面花纹的均一性等

压延的主要设备是压延机。压延机按辊筒数目可分为二辊、三辊、四辊及五辊（其中三辊、四辊应用最多）压延机；按工艺用途可分为压片压延机、擦胶压延机、通用压延机、压型压延机、贴合压延机、钢丝压延机等；按辊筒的排列形式可分为竖直型、三角形、T 形、L 形、Z 形和 S 形压延机等。此外，还常配备作为预热胶料的开炼机；向压延机输送胶料的运输装置；纺织物的预热干燥装置及纺织物（胶片）压延后的冷却和卷取装置等。

压延工艺过程一般包括混炼胶的预热和供胶；纺织物的导开和干燥；胶料在压延机上压片、贴合、压型或在纺织物上挂胶；压延半成品的冷却、卷取、裁断、存放等工序。

胶料在压延过程中，是一种流体流动过程。压延时，胶料一方面发生黏性流动，一方面又发生弹性变形。压延中的各种工艺现象，既与胶料的流动性质有关，又与胶料的黏弹性质有关。

11.1 胶料在辊筒缝隙中的受力及流动状态分析

11.1.1 胶料进入辊筒缝隙的条件

胶料进入开炼机两辊筒间隙的条件是接触角要小于和等于胶料与辊筒的摩擦角。这一条件也同样适用于压延机。那么，多厚的胶料才能进入压延机辊筒缝隙而被压延呢？

设进入压延机的胶料厚度为 h_1，经压延其厚度减为 h_2，则厚度减小为 $\Delta h = h_1 - h_2$，Δh 称为胶料的厚度压缩值，它与接触角和辊筒半径的关系可从图 4-1 的几何关系中求出。

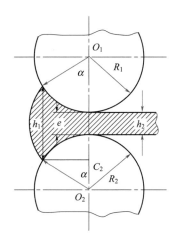

图 4-1　辊筒间胶料的压缩

$$R_1 = R_2 = R$$

$$\frac{\Delta h_1}{2} = R - R\cos\alpha$$

$$\Delta h_1 = 2R(1 - \cos\alpha)$$

当压延机辊距为 e 时，能够引入压延机的胶料最大厚度为：

$$h_{最大} = \Delta h + e$$

可以看出，能够进入压延机辊筒缝隙的胶料最大厚度为胶料的厚度压缩值 Δh 和辊距 e 之和，并且当辊距一定时，辊筒直径越大，能进入辊筒缝隙的胶料厚度也越大。

11.1.2 胶料在辊筒缝隙中的受力状态

胶料压延时，在辊筒缝隙中受到两方面的作用力，一是辊筒的旋转拉力，它由胶料和辊筒之间的摩擦力作用产生，它的作用是把胶料带入辊筒缝隙；二是辊筒缝隙对胶料的挤压力，它使胶料推向前进。

胶料具有很高的黏度，压延时受摩擦力作用进入辊筒缝隙。由于辊筒缝隙逐渐变小，辊筒对胶料的压力就越来越大，直至在辊筒的某一位置处（最小辊距 Y 之前一点；见图 4-2）

出现最大值。然后胶料在强大的压力作用下快速地流过辊筒缝隙。随着胶料的流动，压力逐渐下降，至胶料离开辊筒时，压力为零。胶料压延时，在辊筒缝隙中所受的压力随辊距而变化，其变化规律是由小到大，再由大到小。由实验测得的压力分布曲线大致如图 4-2 所示。

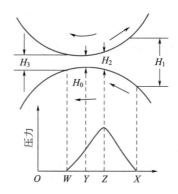

图 4-2　橡胶经过辊缝时的压力分布

H_1—胶料受压前的厚度；H_2—压力最高点处的辊距；H_0—辊距；

H_3—压延胶片的厚度；X—压力起点；Z—压力最高点；

Y—辊距对应点；W—压力零点

由图 4-2 可知，当胶料从 X 点进入辊缝后，压力即逐渐上升，至 Z 点达到最大压力值。随后压力下降，在 W 处压力为零。实验结果表明，辊距最小处的 Y 点的压力仅为最大压力值的 1/2。

将压力分布曲线进行积分，乘以辊筒的工作部分长度，得到总压力。通常所说的横压力是指胶料反作用于辊筒表面的力，其大小与总压力相等，方向相反。根据理论分析和实验测定，影响横压力的主要影响因素有辊筒直径、辊筒线速度、辊筒工作部分长度、辊筒辊距、胶料黏度和辊筒温度等。一般规律是，横压力随辊筒直径和工作部分长度的增加、胶料黏度的增大而增大；辊筒线速度增大，横压力开始增加，当线速度增大影响到胶料黏度下降较大时，横压力的增大就趋于平衡；在较大的辊距范围内，辊距减小，横压力增加；胶料和辊筒的温度增加，横压力下降。总之，上述各种因素对横压力的影响是复杂的。根据实验结果的计算，当物料黏度为 $10^4 Pa \cdot s$、线速度为 25cm/s，辊筒直径为 20cm 的压延机，在辊距为 0.1mm 下进行压延时，所产生的横压力可达 $1.275kN/m^2 (133kg/cm^2)$。由此可见，胶料通过压延机辊筒缝隙时，给予辊筒的横压力是很大的，这会使辊筒产生弹性弯曲（或挠度），以致压延出来的胶片有中部厚、两边薄的现象。为此，压延机在设计上必须进行挠度补偿。

11.1.3　胶料在辊筒缝隙中的流动状态

胶料由于受辊筒缝隙的压力作用而流动。由于压力是随辊距变化而变化，胶料的流速也随之变化。当两辊筒线速度相等时，其胶料的流动状态如图 4-3 所示。

由图 4-3 可知，X 点为压力起点，由于辊筒缝隙大，此时因辊筒旋转对胶料产生的拉力大于挤压力，使胶料沿辊筒表面的流速快于中央部位，胶料内外层之间便出现了凹形速度梯度。随着胶料继续向前流动，压力递增，使中央部位流速逐渐加快，这时内外层的速度梯度逐渐消失，当到达压力最高点 Z 点时各部位的流速就趋于一致。过 Z 点后，由于压力推动作用很大，使中央部位的流速加快，逐渐超过边侧部位，内外层的速度梯度变成了凸形，而

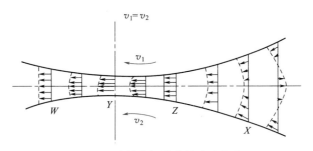

图 4-3　胶料在辊缝中的流速分布

且在 Y 点（辊距 H_0 处）形成最大的速度梯度。这种速度梯度随着胶料继续前进，压力递减，又复逐渐消失。当到达压力零点 W 点时，内外层速度又复归一致。

由于辊距 H_0 处（即 Y 点上）具有最大的速度梯度，因此胶料流经此处时，会受到最大的剪切作用而被拉伸，压延成为薄片。但当胶料离开辊距后，由于弹性恢复作用而使胶片增厚。所以，最后所得的压延胶片其厚度都大于辊距 H_0。

以上分析了两辊筒线速度相等时胶料的流动状态。当两辊筒线速度不相等时，其胶料的流动状态如图 4-4 所示。从图 4-4 中可以看出，当两辊筒线速度不等时，胶料流速分布规律基本不变。只是这时在 Z 点、W 点处，胶料的流速不是相等，而是存在着一个与两辊筒线速度差相对应的速度梯度。胶料中间部位速度最大处也都向速度大的辊筒那边靠近了一些。总的结果是速度梯度增加。

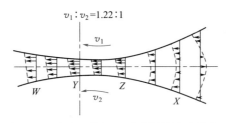

图 4-4　速比不等于 1 时胶料的流速分布

由于压延时胶料只沿着辊筒的转动方向进行流动，而没有轴向的流动，因此是属于一种稳定的流动状态或是层流状态。所以利用压延这种方法可制备出表面光滑、尺寸准确的半成品。

11.2　压延中胶料黏度与切变速率和温度的关系

良好的流动性是胶料压延能顺利进行的先决条件。胶料的流动性一般是用黏度来量度的。黏度值越小，流动性越好；反之，黏度值越大，流动性越差。而胶料黏度的大小直接受切变速率和温度的影响。

图 4-5 示出几种不同橡胶的黏度和切变速率之间的关系。图 4-5 中可见，切变速率很低时，三种胶料的黏度都很高，大于 $10^5 Pa \cdot s$。而当切变速率增至压延、压出速率范围时，三种胶料的黏度都下降为原来的 1/10。

胶料黏度与切变速率的这种关系，对压延工艺是很有意义的。例如压延时切变速率是很大的，此时胶料表现得很柔软，流动性很好，适合于压延加工的要求。而当胶料离开辊筒缝隙后，流动停止，黏度变得很大，半成品有良好的挺性，放置时不会变形。所以适当提高压

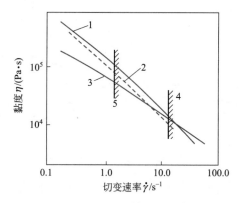

图 4-5　橡胶的黏度和切变速率之间的关系（100℃）
1—天然橡胶（烟片）；2—丁苯橡胶；3—丁苯橡胶 1500；4—相当于压延切变速率；
5—相当于穆尼黏度测定的切变速率

延速度有利于提高胶料的流动性。但速度不可太高，否则会增大半成品的回缩率，表面不光滑，并且有压破帘线等毛病。

由于不同橡胶的黏度变化对切变速率的敏感性不同（如图 4-5 所示），只有对切变速率敏感的橡胶（如天然橡胶），才能适用通过调节压延速度来调节流动性的办法。否则，会因切应力过大而有损坏设备的危险。

胶料黏度的另一特征是与温度有依赖关系。以阿伦尼乌斯公式说明，即：

$$\eta = A e^{E/RT} \tag{4-1}$$

式中　A——常数；
　　　R——气体常数；
　　　E——橡胶的流动活化能；
　　　T——热力学温度。

上式说明，当温度增加时，黏度显著降低。因此，可利用提高胶料温度和压延机工作温度的办法，来提高胶料在压延时的流动性。为此，供压延用的胶料都要进行热炼，以提高温度。但不同橡胶对温度的敏感性不同，例如丁苯橡胶和丁腈橡胶等刚性较大的橡胶，对温度的敏感性大。当温度升高时，黏度下降程度较大。而天然橡胶等分子柔性较大的，则对温度敏感程度较小，但对剪切速率敏感性大。因此，可以通过调节温度或调节剪切速率的方法来调节黏度，以便获得良好的流动性。

11. 3　胶料压延后的收缩

橡胶是一种黏弹性物质，因此胶料在一定切变速率下流动（塑性变形）时，必然伴随着高弹性变形。因此当胶料离开压延机辊筒缝隙后，外力作用消失，胶料便发生弹性恢复。而这种恢复过程需要一定的时间才能完成，这就导致压延后胶片在停放过程中出现收缩现象（长度缩短，厚度增加）。

弹性恢复过程是一种应力松弛过程。因此，为了保证压延半成品尺寸的稳定性，应尽量使胶料的应力松弛在压延过程中迅速完成，以减少胶料在压延后的弹性恢复。而胶料的应力松弛速度主要由生胶种类、分子量、分子量分布、歧化、凝胶、配合剂以及胶料的黏度等决定。此外胶料在压延加工中的黏弹行为还与温度及辊筒转速等工艺条件有关。

胶料种类不同，收缩率不同。在相同工艺条件下，天然橡胶的收缩率较小，合成橡胶的收缩率较大；活性填料的胶料收缩率较小，非活性填料的胶料收缩率较大；填料含量多的收缩率较小，填料含量少的收缩率较大；胶料黏度低（可塑性大）的收缩率较小，黏度高（可塑性小）的收缩率较大。

压延速度不同，收缩率不同。当压延速度较慢时，辊筒压力作用时间长，胶料中橡胶分子松弛充分，因此收缩率小。而当压延速度很快时，胶料中的橡胶分子来不及松弛或松弛不充分，其收缩率增大。

压延温度不同，收缩率也不同。当压延温度升高，一方面使胶料黏度下降、流动性增加；另一方面由于橡胶分子热运动加剧，松弛速度也加快，因而胶料压延后收缩率减小。相反，压延温度降低，则胶料压延后的收缩率必然增大。可见，升高温度与延长作用时间（降低速度）对生胶的黏弹行为（松弛收缩）的作用是等效的，都能减小胶料压延后的收缩。

生产中合理制订胶料的配方（如适当降低含胶率，选用高结构炭黑等），选择适宜的压延工艺条件（如降低辊筒线速度或提高辊温等）和压延设备（如采用大直径辊筒或增加辊筒数目）等，都将有助于胶料的应力松弛过程，从而可以得到表面光滑、收缩率小的高质量的压延胶片。

11.4 压延效应

胶片压延后出现纵横方向力学性能的各向异性现象叫压延效应。产生压延效应后，明显地出现顺压延方向胶料的拉伸强度大、扯断伸长率小、收缩率大；而垂直于压延方向胶料的拉伸强度低、扯断伸长率大、收缩率小。

压延效应解析

产生压延效应的原因主要是胶料中的橡胶分子和各向异性配合剂粒子，如片状、棒状、针状配合剂等经压延后产生沿压延方向进行取向排列的结果。

压延效应会影响半成品的形状（纵向和横向收缩不一致），给加工带来不便，并使制品强力分布不平衡，图 4-6 示出了胶料在压延机辊筒间隙中的行为。为此，应注意加工时裁断或成型的方向性，如对于需要各向异性的制品（如橡胶丝），应注意顺压延方向裁断，对于不需要各向异性的制品（如球胆）应尽量设法消除压延效应。

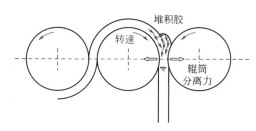

图 4-6　胶料在压延机辊筒间隙中的行为

压延效应与胶料性质、压延温度及操作工艺有关。当胶料中使用针状或片状等具有各向异性的配合剂（如滑石粉、陶土、碳酸镁等）时，压延效应较大，且难以消除，因此在压延制品中应尽量避免使用。由橡胶分子链取向产生的压延效应，则是因为橡胶分子链取向后不易恢复到自由状态而引起的，因此，凡能促使胶料应力松弛过程加快的因素均能减少压延效应。生产中提高压延温度或热炼温度、增加胶料可塑性、缩小压延机辊筒的温度差、降低压延速度和速比、将压延胶片保温或进行一定时间的停放、改变续胶方向（胶卷垂直方向供胶）、压延前将胶料通过压出机补充加工等方法均可消除一部分压延效应。但是，个别情况也有需要压延效应的，如橡胶丝要求纵向强力高，用于 V 形带压缩层的短纤维胶料也希望提高其取向性，从而提高强度。

【自主创新——2007 年 5 月，我国首台钢丝帘布压延机组成功下线，这台机组填补了国内空白，技术水平处于国际先进水平。机组采用先进的无纬钢丝帘布热贴压延法，将几百根无纬线的钢丝在保证每根间距和张力均衡一致条件下，在以 50~70m/s 的速度运行中完成双面贴胶，成品总厚度 1~3.5mm，误差仅有 0.05mm。我国已成为世界轮胎生产和消费大国，钢丝帘布压延机组是全钢载重子午线轮胎生产的核心设备，技术含量水平很高。这一成就激励着我们，无论是在学术探索还是在生产实践，都要坚持自主创新，勇于攻坚克难。】

任务 12　压延工艺方法选择

12.1　压延前的准备工艺

12.1.1　胶料热炼

为了压延的顺利进行及操作方便，获得无气泡、无疙瘩的光滑胶片或胶布（如胶帘布、胶帆布等），要求压延所用的胶料必须具备一定的热可塑性和均一的质量。这就要求在压延前先将停放一定时间的混炼胶在开炼机上进行翻炼、预热，以达到一定的均匀的热可塑性。这一工艺过程称为热炼。

胶料的最佳热炼温度应根据胶料的品种和配方而定，而胶料的可塑性应根据压延工艺而定。擦胶作业要求胶料有较高的可塑性，以便胶料渗入纺织物组织的空隙中；压片和压型作业的胶料可塑性不能过高，以使胶坯有较好的挺性；贴胶作业的胶料，其可塑性则介于上述二者之间。对天然橡胶的各种压延胶料可塑性要求如表 4-2 所示。

微课扫一扫

压延前的准备
工作

表 4-2　各种压延胶料可塑度范围

压延方法	胶料可塑度(威廉姆)	压延方法	胶料可塑度(威廉姆)
擦胶	0.45~0.65	压片	0.25~0.35
贴胶	0.35~0.55	压型	0.25~0.35

为使胶料达到良好的热可塑性，热炼常分两步进行。第一步称之为粗炼，采用低辊温（40~50℃）、小辊距（2~5mm）薄通 7~8 次，以进一步提高胶料的可塑性和均匀性。第二步称之为细炼或热炼，采用高辊温（60~70℃）、大辊距（7~10mm）过辊 6~7 次，以便胶料获得热可塑性。

由于氯丁橡胶对温度的敏感性强，因此，氯丁橡胶的热炼条件与普通胶料有所不同。热炼时以压光为度，过辊次数要尽量少，辊温一般控制在 45℃ 以下，一般经粗炼后即可直接供胶，其目的是防止粘辊和焦烧。全氯丁橡胶胶料热炼条件如表 4-3 所示。

热炼设备通常为 φ360~550mm 的开炼机，为了使胶料快速升温和软化，热炼机的辊筒速比一般都较大，为 1:(1.17~1.28)。热炼机的配置，可以根据压延机的规格和线速度而定，大致如表 4-4 所示。

表 4-3　全氯丁橡胶胶料热炼条件

项目	条件	项目	条件
辊距/mm	8±1	前辊	45±5
过辊次数/次	4	后辊	40±5
辊温/℃			

表 4-4　压延热炼机的配置

压延机型号	热炼机	
	规格(直径)/mm	台数
三辊 360×1120	360	3
三辊 450×1200	450	2～3
四辊 610×1730	550	3～5

热炼后胶料可通过运输装置连续向压延机供胶，但运输距离不宜太长，以免胶温下降，影响热可塑性。

12.1.2　纺织物的预加工

（1）纺织物的烘干　进行挂胶压延的纺织物（包括已浸胶的）在压延前必须烘干，以减少其含水量，避免压延时产生气泡和脱层现象，也有利于提高纺织物温度，压延时易于上胶。纺织物容易在储存过程中吸水，一般棉纤维含水量在 7% 左右，化学纤维含水量可达 10%～12%；而用于挂胶压延的纺织物含水量在 1%～2% 时，才能保证足够的附着力。但烘干时一定要注意温度不宜过高，以免造成纺织物变硬发脆，损伤强力。一般可用蒸汽辊筒烘干、红外线干燥及微波干燥，但目前仍以蒸汽辊筒烘干为主。辊筒的温度和牵引速度直接关系到纺织物干燥的效率。一般烘干筒的温度为 110～120℃（锦纶帘布烘干温度较低，为 70℃ 以下）。牵引速度视纺织物含水率而定。烘干后的纺织物不宜停放，以防在空气中吸水。所以，可直接与压延机组成联动装置。

（2）锦纶（尼龙）帘布的热伸张　锦纶帘布的热牵伸、热定型已在化纤厂完成。但在压延过程中，锦纶帘布因烘干和挂胶都要受到热的作用。由于锦纶具有受热收缩的特性，如果受热时不伸张，将导致成品在使用过程中产生较大变形，使用寿命下降。为此，锦纶帘布必须在压延过程中进行热伸张处理，即在热的条件下拉伸，在张力下定型冷却，从而使锦纶分子链重新定向结晶。这样就可以大大提高锦纶帘布的动态疲劳性能，降低延伸率，减少制品变形。生产中，常通过压延机辊筒与干燥辊筒、冷却辊筒的速度差，产生对帘布的帘线拉伸力（张力）使帘布处于伸张状态。张力可保持在 1.5kN 左右。当压延张力达到 9.8～14.7N/根时，压延后的锦纶帘布就基本不收缩了。

（3）纺织物的涂胶　涂胶是将胶浆均匀地涂覆于纺织物表面的工艺过程。适用于帆布和致密性较强的锦纶布或细布、丝绸布类。涂胶方法主要有刮涂、辊涂、喷涂、浸涂等。

① 刮涂是利用刮刀将胶浆涂覆于纺织物上。生产中所用的卧式刮刀涂胶机的工作原理如图 4-7 所示。垫带式刮刀涂胶机的工作过程如图 4-8 所示。

为了提高涂胶效率，可在涂胶过程中设置多把刮刀进行正反刮涂。例如在全程 40m、线速度为 10m/min 的刮浆机全程中，可以安装三把刮刀，一次完成三涂。操作过程如图 4-9 所示。

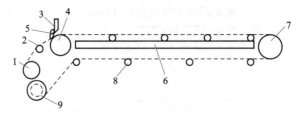

图 4-7 卧式刮刀涂胶机

1—导布装置；2—扩布辊；3—刮刀；4—工作辊；5—胶浆；

6—加热板；7—伸张辊；8—支持辊；9—卷取装置

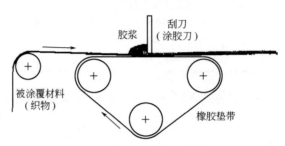

图 4-8 垫带式刮刀涂胶机

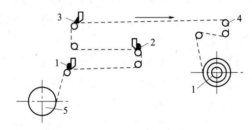

图 4-9 多遍涂胶机操作过程

1—第一涂；2—第二涂；3—第三涂；4—卷取辊；5—坯布辊

　　② 辊涂是通过两个辊筒的压合作用使胶浆涂覆于纺织物上。与刮涂的主要区别是用上下并列的辊筒代替刮刀。辊式涂胶机由两个以上的辊筒组合构成，它的辊距、辊筒转数可以改变涂覆量进行控制，涂覆精密度比刮刀涂胶机的高。辊式涂胶机可根据辊筒数（两个或三个）、供给胶浆的位置（上部或下部）、涂覆方式、涂胶辊旋转方向与被涂织物移动方向的相对关系（同方向有直接辊式涂胶机；反方向有反辊式涂胶机）等进行分类。

　　辊涂的工艺过程如图 4-10 所示。图 4-11 为辊式涂胶机实例。

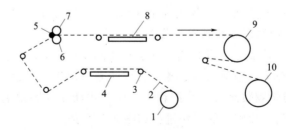

图 4-10 辊涂工艺过程

1—坯布辊；2—坯布；3—导辊；4—加热辊；5—胶浆；6—下辊；

7—上辊；8—加热板；9—冷却鼓；10—卷取装置

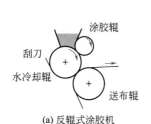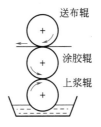

(a) 反辊式涂胶机   (b) 三辊式涂胶机(下部进料，辊隙涂胶)

图 4-11 辊式涂胶机实例

辊涂的优点是对纺织物的擦伤和静电生成量都较小，所得涂层比刮涂厚。涂胶后要进行干燥，以将胶浆（或胶乳）中的溶剂（或水分）挥发掉。同时，通过加热干燥使涂胶层呈半硫化状态，这样在卷取或第二次涂胶时，不易造成表面损伤，并可防止胶布相粘或被导辊磨损。干燥装置通常有热板、排管、转鼓、红外线加热等几种。热板式或转鼓式干燥所采用的温度条件如表 4-5 所示。

表 4-5 热板式或转鼓式干燥的温度条件

干燥形式	干燥温度/℃
热板式干燥	70～80
转鼓式干燥	100～110

③ 喷涂是利用成排的喷嘴，由 5×10^5 Pa 的压缩空气强制将储浆容器中的胶液喷到纺织物的表面，如图 4-12 所示。喷涂适用于双层纺织物的黏合。

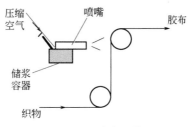

图 4-12 喷涂工艺

④ 浸涂是使织物浸于胶浆中，然后以刮刀辊压挤除余浆，使之附上一层光滑的涂层。能双面涂胶，所用胶浆浓度较稀，对纤维渗透作用较好，但附胶量少。纺织物的浸胶工艺是由浸胶、挤压、扩布、干燥、卷曲等工序组成，如图 4-13 所示。

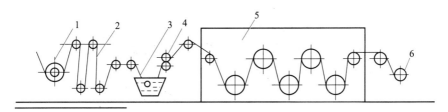

图 4-13 帘布浸胶工艺流程

1—帘布；2—帘布调节器；3—浸胶槽；4—压辊；5—干燥室；6—浸胶帘布卷取架

表 4-6 列出了与涂胶加工方法相关的材料（涂液）的特性。涂布的黏度系数（剪切黏度系数）可用各种旋转式黏度计测定，但不能评价一定剪切速率下黏度系数的差异。因此，掌握相当于加工时剪切速率的黏度系数（与时间和剪切速率有关）十分重要。

表 4-6　与涂胶加工方法相关的材料（涂液）的特性

涂胶方法	控制项目	相关涂液的物理性能	涂胶装置相关的因子
刮刀涂胶机	1.涂膜厚度 2.宽度方向的均匀涂覆 3.涂料散失 4.浓度变化 5.表面光滑性	1.剪切黏度系数 2.触变性 3.凝胶化速度（胶乳） 4.溶剂挥发速度（胶浆） 5.杂质、分散不良、凝胶量 6.密度差异引起的沉淀	1.刮刀形状 2.刮刀角度、背压 3.刮刀部堆积胶（接触长度） 4.被涂物移动速度、张力 5.干燥速度 6.除静电
辊式涂胶机	1.涂膜厚度 2.宽度方向的均匀涂覆 3.涂料散失 4.浓度变化 5.表面光滑性	1.剪切黏度系数 2.触变性 3.凝胶化速度（胶乳） 4.溶剂挥发速度（胶浆） 5.杂质、分散不良、凝胶量 6.密度差异引起的沉淀	1.辊速 2.辊距 3.被涂物移动速度和张力 4.被涂物接触辊长度 5.干燥速度

涂胶工艺所用的胶浆一般是将可塑度 0.5～0.6（威廉姆）、配有一定量增黏剂（如松香、古马隆树脂等）的胶料与恰当的溶剂按一定比例配制而成。通常胶与溶剂的配比是：浆状，1：3；膏状，1：（0.8～1）；稀液状，1：6。

涂胶时由于要使用大量溶剂，而在贴合之前又必须将溶剂挥发掉，必然造成溶剂的浪费，甚至不慎可能引起火灾。因此，在大批量生产中已将涂胶工艺淘汰，改为直接擦胶或贴胶。只有在个别工艺中，如当纺织物为化纤或人造丝时，仍采用涂胶工艺。

12.2　胶片的压延

12.2.1　压片

压片是将混炼好的胶料挤进压延机的辊隙内将胶料加工成具有一定厚度、宽度、表面光滑、无气泡、无褶皱胶片的工艺流程，如图 4-14 所示。

微课扫一扫
压片工艺操作

（1）工艺流程　开炼机虽可以压片，但其厚薄精度低，而且在胶片中常存有气泡。因此，对要求较高的胶片都要用压延机制造，不仅可以保证质量，而且效率也较高。压片通常是在三辊压延机上进行，即上、中辊间

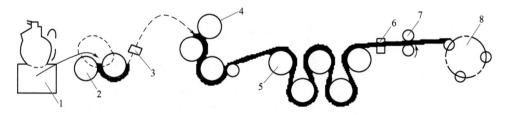

图 4-14　压片压延工艺流程

1—密炼机；2—开炼机；3—金属检测器；4—压延机；5—冷却系统；
6—胶片测厚仪；7—胶片切割装置；8—卷取装置

供胶，中、下辊出胶片，如图 4-15 所示。压片工艺方法可分为中、下辊间积胶和无积胶两种方法。天然橡胶压片时，中、下辊间不能有积胶，否则会增大压延效应。而收缩性较大的合成橡胶（如丁苯橡胶），有积胶时可使胶片气泡少、致密性好。但积胶不能过多，否则会带入气泡。

(a) 中下辊不积胶   (b) 中下辊积胶

图 4-15 三辊压延机压片工艺流程

对于规格要求很高的半成品，可采用四辊压延机压片。比三辊压延机压片多通过一次辊距，压延时间增加，松弛时间较长，收缩则相应减小，从而使胶片厚薄的精度和均匀性提高，其工艺流程如图 4-16 所示。

图 4-16 四辊压延机压片工艺流程

（2）工艺要点 压片工艺条件的正确选取，对获得优良的胶片质量非常重要。在正确选择胶料配方的基础上，应控制辊温、辊速和胶料的可塑性。

控制压延机辊温是保证压片质量的关键。适当控制各辊之间的温度差才能使胶片沿辊筒之间顺利通过。而辊温决定于胶料的性质，通常含胶率高的或弹性大的胶料，辊温应高些；含胶量低的或弹性小的胶料，辊温应低些。常用橡胶的压片温度如表 4-7 所示。为了排除胶料中的气体，在保证适量积胶的同时，降低辊温效果会更加明显。

表 4-7 常用橡胶的压片温度

胶料种类	上辊筒温度/℃	中辊筒温度/℃	下辊筒温度/℃
天然橡胶胶料			
含胶率 85%	95	90	15
含胶率 60%	75	70	15
含胶率 30%	60	55	15
丁苯橡胶胶料	50～60	45～70	35
顺丁橡胶胶料	50	45	35
通用氯丁橡胶胶料			
弹性态(压片精度要求不高)	50	45	35
塑性态(压片精度要求较高)	90～120	65～100	25 或 90～120
丁腈橡胶胶料	70	60	50 以下
丁基橡胶胶料	90～110	70～80	80～105
三元乙丙橡胶胶料	90～110	90	90～120

辊速应根据胶料的可塑性来决定。可塑性大的胶料，辊速可快些；可塑性小的胶料，辊速应慢些。但辊速不宜太慢，否则影响生产能力。

辊筒之间有一定的速比，有助于排除气泡，但对所出胶片的光滑度不利。通常三辊压延机压片时，上、中辊供胶处有速比，以排除气泡，而中、下辊等速，以便压出具有光滑表面的胶片。

胶料的可塑度大，容易得到光滑的胶片。但可塑度太大时，容易产生粘辊。可塑度小，则压片表面不光滑，收缩率大。因此，为便于压片操作，胶料可塑度须保持在 0.3～0.35。

此外，压片时，供胶要连续、均匀进行，积胶量不能时多时少，否则会引起厚薄不均。为了消除胶片气泡可安装划泡装置。为了防止胶片自硫或使收缩一致，应对胶片采取相应的冷却措施。

12.2.2 压型

压型是将热炼后的胶料通过压延机制成表面有花纹并有一定断面形状的胶片，如制备胶鞋大底、力车胎胎面胶及胎侧半成品等。压型后所得半成品要求花纹清晰、规格尺寸准确，且无压型可用二辊、三辊、四辊、七辊压延机。只是胶片压型时经过的最后一个辊筒是刻有花纹的有型辊筒。压型的工艺流程如图 4-17 所示。

微课扫一扫

压型工艺操作

(a) 二辊压延机压型　　(b) 三辊压延机压型　　(c) 四辊压延机压型 (有斜线表示刻花纹的辊筒)

图 4-17　压型工艺流程

压型的工艺要点与压片大体相同。但为了获得高质量的压型半成品，对胶料配方和工艺条件都有严格的要求。配方中主要应控制含胶率。因为橡胶具有弹性复原性，含胶率高压型后半成品花纹容易消失，因此配方中应适量加入补强填充剂和软化剂。在配方中加入再生胶和油膏能增加胶料挺性，有效防止半成品花纹扁塌。压型时要求胶料具有恒定的可塑性，为此必须严格控制塑炼胶的可塑度、胶料的热炼程度以及返回胶的掺用比例（一般掺用 10%～20%）。压延操作可采用提高辊温、降低辊速等方法，以提高压型半成品的质量。

压型半成品一般较厚，冷却速度难以一致，可采用急速冷却方法，使花纹快定型，防止扁塌变形，保证外观质量。

12.2.3 贴合

贴合是利用压延机将两层薄胶片贴合成一层胶片的工艺过程，通常用于制造较厚，但质量要求较高的胶片以及由两种不同胶料组成的胶片、夹布层胶片等。

根据所用设备不同，贴合工艺方法可分为二辊、三辊、四辊压延机贴合三种。二辊压延机贴合是用普通等速二辊炼胶机进行，其贴合厚度较大，可达 5mm，操作简便，但精度较差。三辊压延机贴合可将预先出好的胶片或胶布与新压延出来的胶片进行贴合，其工艺流程如图 4-18(a) 所示。四辊压延机贴合可同时压延出两块胶片进行贴合，效率高，质量好，规格也较精确，但压延效应较大。其工艺过程如图 4-18(b) 所示。

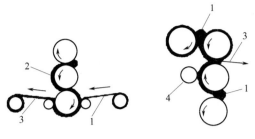

(a) 三辊压延机贴合　　　　(b) 四辊压延机贴合

图 4-18　贴合工艺流程

1——次胶片；2—二次胶片；3—压延胶片；4—压辊

为保证贴合工艺效果，要求各胶片要有一致的可塑度，否则会导致脱层、起皱等现象。当配方和厚度都不同的两层胶片贴合时，最好采用"同时贴合法"，即将从压延机出来的两块新鲜胶片进行热贴合，这样可使贴合半成品密着、无气泡，胶片不易起皱。

12.3　纺织物挂胶

纺织物挂胶是使纺织物通过压延机辊筒缝隙，使其表面挂上一层薄胶，制成挂胶帘布或挂胶帆布，作为橡胶制品的骨架层。

纺织物挂胶的目的是：隔离织物，避免相互摩擦受损；增加成型黏性，使织物之间互相紧密地结合成一整体，共同承担外力的作用；增加织物的弹性、防水性，以保证制品具有良好的使用性能。

对纺织物挂胶的要求是：胶料要填满织物空隙，并渗入织物组织有足够深度，使胶与布之间有较高的附着力；胶层应厚薄一致，不起皱、不缺胶；胶层不得有焦烧现象。

挂胶方法有两种：一是贴胶（或压力贴胶），轮胎、力车胎所用帘布，通常采用贴胶（或压力贴胶）的方法挂胶；二是擦胶，轮胎、胶管、胶带等所用的帆布（或细布）通常采用擦胶的方法挂胶。

12.3.1　贴胶

贴胶是利用压延机上的两个等速辊筒的压力，将一定厚度的胶料贴合于纺织物上（主要用于密度较稀的帘布，也可以包括白坯布或已浸渍、涂胶或擦胶的胶布）的工艺过程。

（1）贴胶工艺方法　根据纺织物材料的特点及制品性能要求，贴胶又分一般贴胶和压力贴胶两种工艺方法。

① 一般贴胶适用于密度较稀的帘布挂胶。可用三辊压延机进行一次单面贴胶或四辊压延机进行一次双面贴胶，工艺流程如图 4-19 所示。也可采用两台三辊压延机连续进行双面贴胶，如图 4-20 所示。

 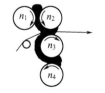

(a) 三辊压延机贴胶 ($n_2=n_3>n_1$)　(b) 四辊压延机贴胶 ($n_2=n_3>n_1=n_4$)　(c) 三辊压延机压力贴胶 ($n_2=n_3>n_1$)

图 4-19　贴胶工艺流程

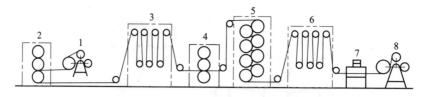

图 4-20 两台三辊压延机双面贴胶

1—坯布送布架；2—三辊压延机（第一面贴胶）；3—储布器及翻布装置；4—三辊压延机（第二面贴胶）；

5—冷却架；6—储布器；7—称量台；8—双面胶布卷取架

贴胶时，胶片通过压延机辊筒缝隙后全部贴合于纺织物表面上。进行贴胶的两个辊筒转速（n）相同，供胶的两个辊筒转速（n）可以相同，也可不同。供胶辊筒有速比时，有利于消除气泡，特别适用于高含胶率胶料及合成橡胶胶料。

一般贴胶法的特点是操作较易控制，生产效率较高，帘布受伸张较小，对纺织物的损伤小，耐疲劳强度较高。但胶料不能很好地渗入布缝中，胶与布的附着力较低，且两面胶层之间易形成空隙而使胶布产生气泡或剥皮露线。

② 压力贴胶主要用于密度较大的帘布挂胶，也可用于细布、帆布挂胶。它和一般贴胶的区别是布与中辊之间存在积胶，如图 4-19(c) 所示。可利用积胶的压力将胶料挤压到布缝中去。

压力贴胶法的特点是能够使胶料渗透到布缝中，从而使胶与布的附着力提高，特别是对未浸胶的棉帘布有很好的效果；在不损伤帘线时，帘布的耐疲劳性能较一般贴胶有所提高；能改善双面贴胶易剥皮的毛病，是一般贴胶法的一种改进。但缺点是帘线受到张力较大，且不均匀，以致性能受到损害；布层表面的胶层较薄；操作控制不当时，易产生劈缝、落股、压偏等毛病。

实际生产中，为取得"工艺互补"之效，压力贴胶较多地与一般贴胶或擦胶结合使用。例如力车胎所用胶帘布广泛采用一面一般贴胶，另一面压力贴胶的工艺方法。

图 4-21 为轮胎用胶帘布采用四辊压延机贴胶联动装置。

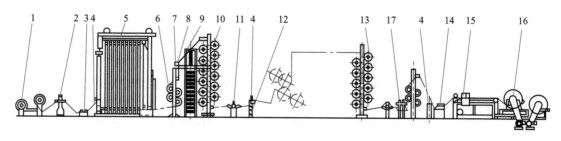

图 4-21 XY-4S-1800 压延机贴胶联动装置

1—导开装置；2—硫化接头机；3—小牵引机；4—定中心装置；5—储布装置；6—四辊牵引机；

7—储布装置油路系统；8—定中心装置；9—梯子；10—十二辊干燥机；11—张力架；

12—定中心装置支持架；13—冷却辊；14—小张力架；15—切割装置；

16—卷取装置；17—穿透式测厚装置

贴胶作业是保证贴胶半成品质量的关键。其操作程序为：贴胶正式开始前，先开车试运行，将压延机辊筒预热至规定温度范围，检查润滑系统是否正常，加入胶料，调整辊距，直至胶片的厚度、宽度和光泽度都符合要求；再填入帘布头，待一切正常，将压延速度提高到预定水平进行正常贴胶作业。在贴胶过程中要时刻注意续胶量的均匀一致。

（2）贴胶工艺条件　胶料的可塑性和温度、压延的辊温、辊速都是影响贴胶工艺的重要因素，天然橡胶帘布贴胶工艺条件如表 4-8 所示。

表 4-8　天然橡胶胶料帘、帆布压延工艺条件

压延机类型	四辊 Γ 形（或倒 L 形）	三辊
压延方面	两面贴胶	一面擦胶
纺织材料	帘布	帆布
旁辊温度/℃	100～105	—
上辊温度/℃	105～110	100～105
中辊温度/℃	105～110	105～110
下辊温度/℃	100～105	65～70
辊筒速比	$v_1:v_2:v_3:v_4=1:1.4:1.4:1$	$v_1:v_2:v_3=1:1.4:1$
压延速度/(m/min)	≤35	≤50

为使贴胶工艺顺利进行，首先，胶料必须有适宜的可塑度，以保证贴胶所需的良好流动性和渗透性，从而使贴胶半成品表面光滑，收缩率小，并使胶与布有较高的附着力。但可塑度过高，则使硫化胶的强伸性能下降。天然橡胶胶料适宜的可塑度（威廉姆）为 0.40～0.50。

为使贴胶时胶料具有较高的、稳定的热可塑性，热炼后的胶料温度应比压延温度只低 5～15℃为好。

压延机的辊筒温度主要决定于胶料的配方。天然橡胶胶料贴胶时以 100～105℃较好，因其易包热辊，所以上、中辊温应高于旁辊和下辊温 5～10℃；丁苯橡胶胶料则以 70℃较好，因其易包冷辊，上、中辊温应低 5～10℃。含胶率高的、弹性大的、补强剂用量多的、可塑性较小的胶料，辊温应高些；反之，辊温可低些。但辊温不可过高，否则易引起胶料焦烧。

压延机辊速快，贴胶速度就快。较高辊速虽可提高生产效率，但相应要求提高辊筒温度，否则会导致贴胶半成品厚度大、表面不光滑、收缩率大、附着力下降。辊筒速度主要决定于胶料的可塑性。可塑性大，速度可快些，可塑性小，速度需慢些。对含胶率高、弹性大、补强剂用量多、可塑性小的胶料不仅要求有较高的辊筒温度，相应地还要求较慢的辊筒速度。目前生产中轮胎帘布贴胶速度一般为 25～35m/min；工业制品贴胶速度一般为 20～40m/min；胶带贴胶速度一般为 5～10m/min。

12.3.2　擦胶

擦胶是利用压延机两个有速比的辊筒，将胶料挤擦入纺织物组织的缝隙中的工艺过程。擦胶法挂胶的特点是增加胶料与纺织物的附着力，但也存在对织物损伤程度大的缺陷。因此生产中主要用于轮胎、胶管、胶带等制品所用帆布或细布的挂胶。

微课扫一扫

擦胶工艺操作

（1）擦胶工艺方法　通常，采用三辊压延机进行单面擦胶，上、中辊供胶，中、下辊擦胶。擦胶工艺方法有中辊包胶和中辊不包胶两种。

中辊包胶法（又称薄擦或包擦法）是当纺织物进入中、下辊筒缝隙时，部分胶料被擦入纺织物中，余胶仍包在中辊上（包辊胶厚度：细布为 1.5～2.0mm，帆布为 2.0～3.0mm），如图 4-22(a) 所示。此法上胶量小，成品耐曲挠性较差；挤压力小，胶料渗入布层较浅，附着力较低。

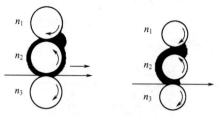

(a) 中辊包胶 ($n_2 > n_1 = n_3$)   (b) 中辊不包胶 ($n_2 > n_1 = n_3$)

图 4-22　擦胶工艺流程

中辊不包胶法（又称厚擦或光擦法）是当纺织物通过中、下辊缝隙时，胶料全部擦入纺织物中，中辊不再包胶，如图 4-22（b）所示。此法所得胶层较厚，可提高成品耐曲挠性能，表面光滑，且挤压力大，附着力较高，但用胶量较多。

三辊压延机单面厚擦工艺流程如图 4-23 所示。两台三辊压延机一次进行两面擦胶如图 4-24 所示。

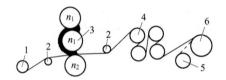

图 4-23　三辊压延机单面厚擦工艺流程

1—干布料；2—导辊；3—三辊压延机；4—烘干加热辊；5—垫布卷；6—擦胶布卷

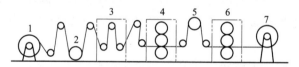

图 4-24　两台三辊压延机一次进行两面擦胶

1—坯布卷；2—打毛；3—干燥辊；4,6—压延机；5—翻布辊；7—胶布辊

（2）擦胶工艺条件　为保证胶料对纺织物的充分渗透，擦胶工艺对胶料可塑性要求较高，生产中需根据具体胶种及制品类型合理确定，如表 4-9、表 4-10 所示。此外胶料可塑性还需根据具体擦胶作业而定，如采用中辊包胶法，天然橡胶胶料可塑度（威廉姆）不应低于 0.6。

表 4-9　几种擦胶胶料适宜的可塑度

胶种	可塑度（威廉姆）	胶种	可塑度（威廉姆）
天然橡胶胶料	0.45～0.60	氯丁橡胶胶料	0.45～0.50
丁腈橡胶胶料	0.50～0.65	丁基橡胶胶料	0.45～0.50

表 4-10　不同制品各部位擦胶用天然橡胶胶料可塑度

制品或部件	三角带包布	三角带芯层帘布	传动带	轮胎包布
可塑度（威廉姆）	0.48～0.53	0.40～0.45	0.55～0.60	0.55～0.60

擦胶温度主要决定于生胶种类。对于天然橡胶压延机辊温控制的原则是：中辊不包胶法为上辊温＞中辊温＞下辊温；中辊包胶法则应为上辊温＞下辊温＞中辊温。包胶的中辊温度最低，是为了防止胶料发生焦烧。几种橡胶的擦胶温度如表 4-11 所示。

表 4-11　几种橡胶擦胶温度

胶种	上辊温度/℃	中辊温度/℃	下辊温度/℃
天然橡胶	80～110	75～100	60～70
丁腈橡胶	85	70	50～60
氯丁橡胶			
弹性态	50	50	30
塑性态	120～125	90	65
丁基橡胶	85～105	75～95	90～115

　　擦胶所用三辊压延机的辊筒速比一般在（1～1.5）∶（1.3～1）的范围内变化。速比越大，搓擦力越大，胶料的渗透性越好，但对织物的损伤也越大。因此，应根据织物品种不同选择适宜的速比。

　　擦胶速度应选择适宜。速度太快，纺织物和胶料在辊筒缝隙间停留时间短，受力时间短，影响胶与布的附着力，合成纤维尤为明显。速度太慢，生产效率低。因此生产中薄布擦胶速度一般掌握为 5～25m/min；厚帆布擦胶速度为 15～35m/min。

12.4　钢丝帘布的压延

　　随着子午线轮胎，特别是载重子午线轮胎的发展，钢丝帘布的使用日趋增加。因此，钢丝帘布的压延，已成为不可缺少的工艺。钢丝帘布的压延可分为有纬和无纬帘布两种贴胶法。有纬钢丝帘布贴胶工艺，可用普通压延设备进行。无纬钢丝帘布贴胶工艺又有冷、热贴胶工艺之分，目前多采用热贴工艺。

　　钢丝帘布压延的工艺流程如图 4-25 所示，主要包括钢丝导开、清洗、干燥、张力排线、压延贴胶、冷却、卷取、裁断等工序。钢丝帘布规格及压延工艺条件如表 4-12 所示。

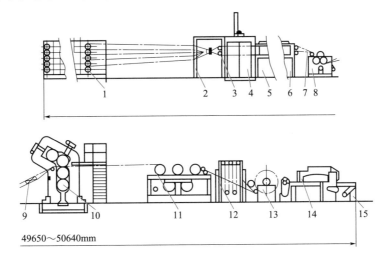

49650～50640mm

图 4-25　XYZ-1730 型钢丝帘布压延工艺流程

1—导开架；2—排线分布架；3—托辊；4—清洗装置；5—吹干装置；6—干燥箱；7—整经装置；
8—夹持装置；9—分线辊；10—四辊压延机；11—牵引冷却装置；12—二环储布器；
13—卷取装置；14—裁断装置；15—运输装置

表 4-12　钢丝帘布规格及压延工艺条件

名称	胎体钢丝帘布	缓冲层钢丝帘布
压延机	ХУ-4Г-230	ХУ-4Г-230
压延方法	两面一次贴胶	两面一次贴胶
帘线规格/根	39	21
帘线总梗数/根	237	180
帘线密度/(根/cm)	5	3.5
帘线宽度/mm	470	540
压延胶厚度/mm		
旁、上辊间	1.15±0.05	0.9±0.05
下、中辊间	1.5±0.05	1.4±0.05
压延辊筒温度/℃		
旁、上辊	80～90	85～90
下、中辊	95～100	95～100
压延速度/(m/min)	3.25	3
压延帘布厚度/mm	2.7	2.2

无纬钢丝帘线压延时，在压延联动装置前设有线锭架，线锭架的帘线根数由具体要求而定。线锭架安装在隔离室中，温度保持在 30℃ 左右，相对湿度小于 40％。为了除去钢丝帘线表面油污，帘线需用汽油清洗 10s，干燥温度（60±1）℃，干燥时间 50s 左右。为了保证压延质量，每根帘线需保持一定张力（200g/根）。压延好的钢丝胶帘布在冷却器中冷却，冷却后根据具体要求进行卷取或裁断。

由于子午线轮胎结构要求帘布胶料具有较高的定伸强度，良好的耐曲挠、耐疲劳性能，以及与钢丝的较高黏着性，故压延用的混炼胶料的可塑性较低，可塑度（威廉姆）一般为 0.35 左右。所以，压延速度也相应较慢，一般为 3m/min 左右。

【橡胶压延工艺是在压延机组中完成的，需要多个不同岗位的人员紧密协作，方可保证生产流程的顺畅和产品质量的高标准。我们要培养团队精神和协作能力，明白每个岗位的重要性和对整体生产的贡献，深刻理解个人的成长与集体的发展是相辅相成的，每个人都应该为集体的荣誉和发展贡献自己的力量。】

任务 13　常用橡胶压延特性分析

压延的工艺效果与生胶品质有着密切关系。合成橡胶的压延与天然橡胶有很大区别，其压延操作较天然橡胶困难。为此，生产中应根据各种橡胶的结构特点所决定的压延特性，合理确定胶料配方和压延方法，严格控制压延工艺条件，获得较高质量的压延半成品，提高压延效率。

13.1　天然橡胶压延特性分析

天然橡胶由于分子链柔性好，分子量分布宽，易于获得所需可塑性，因此易于压延。表现为压延时对温度的敏感性小，压延后半成品收缩率小，表面光滑，尺寸稳定性好，并且与纺织物的黏着性良好。天然橡胶因易包附热辊，所以压延操作时应控制各辊筒温差，使压延作业能顺利进行。

由于天然橡胶压延效果好，故可在高温、快速条件下进行压延，从而获得较高的压延效率。

13.2 丁苯橡胶压延特性分析

丁苯橡胶由于分子量分布较窄，分子链柔性较差，内聚力较大，因此压延后半成品的收缩率大，表面粗糙，气泡多且较难排除。其中，低温聚合丁苯橡胶的压延效果较优于高温聚合丁苯橡胶，充油丁苯橡胶的压延效果又优于普通丁苯橡胶。

在丁苯橡胶压延作业中应做到，充分热炼，多次薄通；压延温度低于天然橡胶（一般低5~10℃）；压延速度也低于天然橡胶（一般低 5m/min 左右）。由于丁苯橡胶易包附冷辊，故各辊筒温度应由高到低。又由于温度变化对丁苯橡胶的黏度影响较明显，故三个辊筒的温差都不应大于5℃。

此外，在压延胶料配方中增加软化剂、填充剂用量或掺入少量天然橡胶及再生胶等，均可改善压延效果，减少收缩率。压延后的半成品做到充分冷却及停放，这对半成品尺寸稳定也十分有利。

13.3 顺丁橡胶压延特性分析

顺丁橡胶由于分子链柔性好，但分子量分布窄，所以压延操作采取低辊温、小温差、快速作业效果较好。顺丁橡胶压延的胶片较丁苯橡胶光滑、致密和柔软，但因自黏性差、收缩率较大，因此常与天然橡胶并用。

13.4 氯丁橡胶压延特性分析

氯丁橡胶因具有极性和结晶性，内聚力大，所以压延时，具有半成品收缩率大（收缩率为30%~50%，而天然橡胶仅为 5%~10%）、对温度敏感性大、易粘辊、易焦烧等特性。硫黄调节型氯丁橡胶在71℃以下为弹性态，容易包辊，压延较容易，且不易裹进空气，但不易获得厚度准确、表面光滑的胶片；温度在71~93℃时，呈粒状态，此时粘辊严重而不易加工；当温度在93℃以上时，转变为塑性态，胶料弹性消失，几乎没有收缩性，此时压延效果最好，但易出现焦烧现象。

生产中，如果压延精度要求不高，从加工方便考虑，采用低温压延。反之，如果压延半成品规格要求很高，则采用高温压延。

为了防止焦烧，供压延用的胶料，热炼要尽量快，不宜包在辊筒上长时间加热；续胶量应尽可能少，并保持一定温度；热炼返回胶不应掺入过量（小于 20%）。

为了防止粘辊，可掺用5%~10%的天然橡胶或20%左右的油膏，也可掺用少量顺丁橡胶。

13.5 丁腈橡胶压延特性分析

丁腈橡胶因极性大，分子量分布窄，所以压延操作十分困难。主要表现为，压延后半成品收缩率比丁苯橡胶更大，表面粗糙。并且丁腈橡胶胶料的黏性小，也易包冷辊。因此丁腈橡胶压延前的热炼工艺宜在辊温较高、容量小、时间稍长的条件下进行，以确保压延操作的顺利进行。压延时中辊温度应低于上辊，下辊温度稍低于中辊，温差要小。丁腈橡胶用于压延胶料的配方，应配用较多（占生胶用量50%以上）的软质炭黑或活性碳酸钙等，还需配用较多的增塑剂（一般为15~30份），以改善压延后半成品的收缩性，增加半成品表面的光滑程度。

13.6　丁基橡胶压延特性分析

丁基橡胶由于结构紧密、气密性好，分子内聚力又低，所以压延时存在排气困难，胶片内易出现针孔，表面不光滑，收缩率较大以及胶片表面易产生裂纹等缺陷。而且，丁基橡胶有包冷辊的特性，因此，包胶辊筒的温度应低些。为消除气泡、便于压延和降低收缩率，上、下辊温都应比其他橡胶高。

丁基橡胶如采用酚醛树脂硫化体系时，压延更为困难，易粘辊且腐蚀辊筒表面。配用高速机油、古马隆树脂及高耐磨炉黑、快压出炉黑等则可以改善压延效果。为了消除气泡，可提高热炼温度。由于胶料容易黏结，故压片后需充分冷却，并在两面涂隔离剂。

13.7　乙丙橡胶压延特性分析

三元乙丙橡胶分子链的柔顺性与天然橡胶接近，但分子量分布较窄，自黏性极差，并有包冷辊的特点。因此，要获得收缩率较小、表面光滑的压延半成品，必须在胶料配方中选择使用穆尼黏度值低的品种，进行高填充配合，适当选用增黏剂；压延时可掌握比天然橡胶慢些的压延速度以及与天然橡胶接近的压延温度，但中辊温度要低些，下辊温度可稍高于上辊温度，以便顺利包辊压延，并排除气泡。若压延温度过低，不仅容易产生气泡，而且压延物也不平整，收缩率增大。

【通过比较不同橡胶的压延特性，掌握橡胶在压延时的优点和不足，训练面对具体问题时能够进行深入分析和独立思考的能力。】

任务 14　压延工艺质量问题分析

压延作业（尤其是纺织物挂胶）是一项很精细、复杂的工艺过程。由于压延速度很快，只要操作掌握不好就会产生大量残次品，直接影响产品的成本和质量。所以，必须严格执行工艺规程，精工细作，及时处理出现的质量问题。表4-13为压延过程中常出现的质量问题及改进措施。

微课扫一扫

压延工艺质量
问题分析

表 4-13　压延工艺质量问题及改进措施

质量问题	产生原因	改进措施
针孔、气泡	1. 胶温、辊温过高或过低（过低指丁基、三元乙丙橡胶而言）	1. 严格控制胶温、辊温
	2. 配合剂含水太多	2. 对吸水配合剂进行干燥处理
	3. 软化剂挥发性大	3. 控制辊温或调整配方
	4. 供胶卷过松、窝藏空气	4. 采用胶片供胶
	5. 压延积胶量过多	5. 按工艺要求调节积胶量

质量问题	产生原因	改进措施
杂质、色斑、污点	1.原材料不纯 2.设备打扫不干净	加强原材料质量管理,清理设备
厚度、宽度规格不符合要求	1.热炼温度波动或热炼不充分 2.压延温度波动 3.胶料可塑度不一致 4.卷取松紧不一致 5.辊距未调准 6.压延机振动或轴承不良 7.压延积胶调节不当 8.压延线速度不一致	1.改进热炼条件 2.控制好辊温 3.加强胶料可塑度控制,固定返回胶掺用比例 4.调整卷取机构 5.调节辊距,力求恒定 6.改进设备防震性能 7.调节好压延胶量 8.以微调为主,保持线速度一致
压片表面粗糙	1.热炼不足,辊温过低 2.热炼不均,胶料可塑性低 3.胶料中含有自硫胶粒 4.辊筒转速太高	1.改进热炼,控制好辊温 2.改进热炼,提高胶料可塑性 3.降低热炼温度及压延机辊温 4.调整辊筒转速
胶帘布喷霜	1.胶料混炼不良 2.胶帘布储存温度偏低 3.胶帘布停放时间过长	1.检查、提高混炼胶质量 2.冬季应确保储存室温度 3.冬季减少储存准备定额
两边不齐	挡胶板不适当或割胶刀未掌握好	调换挡胶板,调好割胶刀
胶料与纺织物附着不好,掉皮	1.纺织物含水率高,干燥不充分 2.纺织物温度太低 3.加料热炼不足,可塑度太低或压延温度太低 4.纺织物表面有油污或粉尘 5.辊距过大,使胶料渗入纺织物的压力不足 6.配方设计不合理 7.辊筒转速太快	1.对纺织物进行充分干燥 2.加强纺织物预热 3.加强热炼、提高压延温度 4.纺织物表面清理干净 5.调小辊距 6.修改配方,使用增黏性软化剂,降低胶料黏度 7.调整辊筒速度
帘布跳线、弯曲	1.纬线松紧不一 2.胶料软硬不一,可塑度不均匀 3.中辊积胶太多 4.布料卷卷得过松	1.控制帘线张力,使其均匀 2.控制胶料可塑度,热炼均匀 3.减少中辊积胶,使积胶均匀 4.做到均匀卷取
胶帘布出兜	1.纺织物受力不均匀,边部小于中部 2.中辊积胶宽度小于帘布宽度,帘布中部受力过大 3.下辊温度过高,使胶面黏附下辊力量较大 4.纺织物密度不均匀,伸长率不一致	1.检查纺织物的受力状况 2.控制中辊积胶量 3.降低辊温 4.检查纺织物质量
胶帘布压坏	1.操作配合不好,两边递布速度不一 2.辊筒积胶量过多 3.胶料可塑度偏低 4.胶料中有杂质、熟胶疙瘩 5.压延张力不均	1.递布要平稳一致 2.调整积胶量 3.强化热炼工艺 4.控制胶料质量 5.调节好张力
掉皮	1.中辊温度过高 2.供料温度不均匀 3.中辊表面涂刷明胶剥离	1.降低中辊温度 2.加强供料温度的均匀性 3.检查中辊表面质量

质量问题	产生原因	改进措施
露白	1.胶料热塑性不足 2.辊筒温度太低 3.帘布表面不干净 4.帘布干燥程度不足	1.提高热炼程度 2.提高上、中辊辊筒温度 3.加强帘布干燥程度 4.检查布面沾污情况
擦贴胶表面 麻面或出现 小疙瘩、不光滑	1.胶料热炼不够,可塑性低 2.热炼温度太高 3.压延温度太高 4.胶料产生自硫 5.辊上积胶停留时间过长	1.胶料进行充分热炼 2.降低热炼温度 3.调节压延工艺温度 4.检查胶料内自硫胶粒 5.缩短胶料在辊上的停留时间
钢丝帘布脱层	1.胶料温度太高 2.辊筒间隙偏大 3.帘布内残留空气 4.牵引主张力过大	1.降低辊筒温度 2.减少辊筒间隙 3.采用刺齿数量少、齿端宽的刀片 4.降低牵引主张力

【纤维帘布压延速度一般为 15~45m/min，若出现质量问题势必产生大量的胶料损失，增加生产成本，以此为例培养学生树立质量至上的意识、成本意识。】

 拓展阅读

电子束辐照预硫化技术在帘布压延机上的应用❶

电子束辐照硫化技术是通过电子加速器发射的高能电子束在橡胶基体中激活橡胶分子，产生橡胶大分子自由基，使橡胶大分子交联形成三维网状结构。经过辐照后，橡胶的大分子链在外部电子的轰击下被打断，被打断的每一个断点成为自由基，自由基不稳定，相互之间要重新组合，重新组合后由原来的链状分子结构变为三维网状的分子链结构，这个过程称为辐照交联。经过辐照后，胶片黏度和拉伸强度均随辐射剂量的加大而提高。由于胎体帘布发生了预交联，因此在成型时需要较大的力使已膨胀变形的部件进一步扩张，胶料膨胀和帘线形变都是均匀的，能够防止胶片部件变形和流动。

辐照设备在半钢轮胎领域中主要是对胶帘布进行照射，增加轮胎成型过程中由于胶帘布厚度和附胶量减少后的稳定性，使帘布上包覆胶稳定；胎体伸张后气密层胶料（一般为卤化丁基胶）渗透可控，从而起到保障性能、节约胶料成本的作用。效果如图 4-26 所示。

课后训练

1.什么叫压延？绘图说明胶料压延时的受力及流动状况。

2.黏度与压延质量有何关系？胶料压延时其黏度受哪些因素的影响？为什么？

3.造成压延收缩率的原因是什么？如何减小压延收缩率？

4.什么叫压延效应？试从配方和工艺角度论述如何减少压延效应。

---

❶ 陈俊.双头电子辐照预硫化技术在帘布压延机上应用研究［J］.橡塑技术与装备，2023，49（09）：26-29.

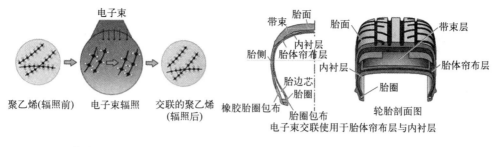

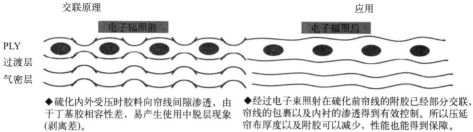

◆硫化内外受压时胶料向帘线间隙渗透，由于丁基胶相容性差，易产生使用中脱层现象（剥离差）。　　◆经过电子束照射在硫化前帘线的附胶已经部分交联，帘线的包裹以及内衬的渗透得到有效控制。所以压延帘布厚度以及附胶可以减少，性能也能得到保障。

◆因为帘布附胶量减薄，故使得提高硫化效率成为可能。

图 4-26　辐照前后对比示意图

5.胶料压延前应做哪些准备？其目的是什么？具体条件如何？

6.论述胶料压片、压型、贴合等压延作业的主要工艺方法及其要点。

7.何谓贴胶和擦胶？它们各适合何种织物挂胶？各有何优缺点？并论述各自主要工艺条件。

8.常用合成橡胶的压延特性是什么？

9.某贴胶作业半成品产生表面气泡、表面粗糙、帘布跳线弯曲的质量问题，分析其产生原因并提出改进措施。

10.对比以下各条件的压延效果，加以分析并提出改进：①辊温 60℃、90℃；②当辊筒直径相同时，辊速为 21r/min、18r/min；③当辊筒线速度相同时，辊筒直径为 610mm、450mm；④四辊压延、三辊压延；⑤胶料可塑度（威廉姆）0.45、0.30。

项目 5
橡胶挤出工艺

项目描述

根据项目要求主要讲解橡胶挤出的有关知识，要求掌握挤出概念，了解挤出原理及挤出变形现象，掌握口型设计原则和方法，掌握挤出工艺方法、特性、工艺条件，理解挤出常见质量问题解决方法。

任务 15　挤出原理分析

挤出是胶料在挤出机螺杆的挤压下，通过一定形状的口型（中空制品则是口型加芯型）进行连续造型的工艺过程。挤出工艺通常也称压出工艺。它广泛用于制造胎面、内胎、胶带以及各种复杂断面形状或空心的半成品，并可用于包胶（如电线、电缆外套等）、挤出薄片（如防水卷材、衬里用胶片等）及快速密炼机的压片（取代原有的开炼机压片）。此外，不同形式的螺杆挤出机还可用于滤胶、造粒、塑炼和连续混炼等许多方面。

挤出工艺操作简单、经济；可起到补充混炼和热炼的作用，半成品质地均匀，致密；通过更换口型（芯型）可以制备各种规格或断面的半成品，一机多用；设备占地面积小，结构简单，维修方便，价格便宜；操作连续，生产能力大，易实现自动化、连续化。

15.1　挤出机的基本结构与挤出工艺的关系

挤出机是挤出工艺的主要设备，按工艺用途不同可分为螺杆挤出机、滤胶挤出机、塑炼挤出机、混炼挤出机、压片挤出机及脱硫挤出机等；按喂料形式有热喂料挤出机和冷喂料挤出机；按螺杆数目分单螺杆挤出机、双螺杆挤出机和多螺杆挤出机。其均由螺杆、机筒（又称机身）、机头（包括口型和芯型）、机架、加热冷却装置、传动装置等组成，图5-1为螺杆挤出机的结构图。

挤出机的规格是用螺杆外直径大小来表示的。例如，型号XJ-115的挤出机，其中X表示橡胶，J表示挤出机，115表示螺杆外直径为115mm。表明挤出机技术特征的参数有螺杆的直径、长径比、压缩比和转速以及挤出机的生产能力和功率等。

15.1.1　螺杆

螺杆是挤出机的主要工作部件，其螺纹可分单头、双头、多头和复合等几种。其中单头螺杆适用于滤胶；双头螺杆适用于挤出造型，具有挤出速度快、出料均匀的特点；复合螺杆

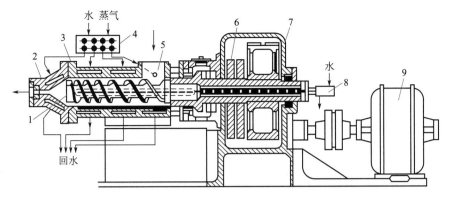

图 5-1　橡胶螺杆挤出机（热喂料）的结构

1—螺杆；2—机头；3—机筒；4—分配装置；5—加料口；

6—螺杆尾部；7—变速装置；8—螺杆供水装置；9—电机

即加料端为单螺纹，出料端为双螺纹，同时具有便于进料和出料均匀的特点。用于挤出造型的螺杆，其螺距有等距和变距，螺槽深度有等深和变深之分，一般为等深不等距或等距不等深，以取得一定的压缩比。压缩比是指螺杆加料端的一个螺槽容积和出料端的一个螺槽容积之比，它表示胶料在挤出机中可能受到的压缩程度。压缩比越大，半成品致密性越好。一般，热喂料挤出机的压缩比为 1.3～1.4，冷喂料挤出机为 1.6～1.8，而滤胶机压缩比为 1，即没有压缩。为使胶料在挤出机内受到一定时间的剪切、挤压作用，而不至于过热和焦烧，因此，要求螺杆具有适当的长径比和螺槽深度。一般热喂料挤出机的长径比为 4～5.5，冷喂料挤出机为 8～12，甚至有达到 20 的，螺槽深度则约为螺杆外径的 18%～23%。增加长径比，有利于增加胶料塑性和温度的精确控制，使半成品质量提高，对于合成橡胶的顺利挤出具有重要意义。为了适应挤出不同胶种、不同半成品及联动化需要，螺杆转速可分为几挡调节和无级调速（新型挤出机）。

15.1.2　机筒

机筒与螺杆相配合，以保证胶料在压力下移动和捏炼，同时还起加热或冷却作用。机筒后端有加料口，加料口一般与螺杆成 33°～45°的倾角，以便于吃料，有时在加料口上方设有旁压辊或筒外导辊，以便于连续供胶。

15.1.3　机头

机头位于机筒前部，并与机筒相连，其主要作用是安装口型和将螺杆挤出的不规则、不稳定流动的胶料引导、过渡为稳定流动的胶料，使之挤向口型时成为断面形状稳定的半成品。根据半成品形状的需要，机头结构有多种：锥形机头用于挤出圆形、小型或空心半成品（如内胎、胶管、密封条等）；喇叭形机头用于挤出宽断面半成品（如轮胎胎面）；T 形和 Y 形机头用于包覆性挤出（如轮胎钢丝圈包胶，胶管外胶及电线、电缆护套层等）；复合机头，即两个以上机头挤出的胶料在同一口型中汇合出料，一般用于复合半成品的挤出（如轮胎胎面二方三块或三方四块，自行车胎胎面二方三块的复合挤出）。

15.1.4　口型

口型安装在机头前，它决定着挤出半成品的形状和规格。

口型可以分为两类，一类是挤出中空半成品（如内胎，胶管内胶）用的，由口型、芯型

项目 5
橡胶挤出工艺　107

及芯型支架、调整螺丝组成；另一类是挤出实心半成品或片状半成品（如轮胎胎面、胶板、胶条）用的，是一块带有一定几何形状的钢板。

15.2 胶料在挤出过程中的运动状态

加入挤出机中的胶料，在转动螺杆的夹带作用下和推挤作用下向前运动，最后通过口型而被挤出，从而获得所需形状的半成品。胶料沿螺杆前进的过程中，受到机械和热的作用后，其黏度逐渐下降，状态发生明显变化，即由黏弹体渐变为黏流体。因此，胶料在挤出机中的运动，既有固体沿轴向运动的特征，又有流体流动的特征。根据胶料在挤出过程中的状态变化和所受作用，一般可将螺杆工作部分大体分为加料段、压缩段和压出段（又称挤出段）三个部分（在冷喂料挤出机中，这三段是比较明显的，而热喂料挤出机不够明显）。图 5-2 是胶料在螺纹槽中的运动状况。

微课扫一扫

胶料在挤出过程中的运动状态分析

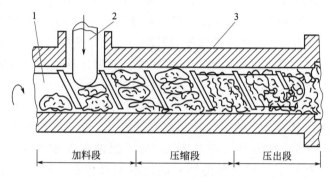

| 加料段 | 压缩段 | 压出段 |

图 5-2　胶料在螺纹槽中的运动状况
1—螺杆；2—胶条；3—机筒

加料段又称固体输送段，是指从加料口到胶料开始软化的这一部位。冷喂料挤出机，此段较长，热喂料挤出机，由于胶料经预先热炼，故此段很短。加料段的作用是供胶和预热胶料。在此阶段中，由于胶料温度较低，黏度较大，因而在螺杆的推挤作用下，胶料在螺纹槽和机筒内壁间作相对运动，不能保证其连续性而形成的一定大小的胶团置于螺纹槽和机筒内壁之间，其运动是一边旋转，一边不断向压缩段前进。

压缩段又称塑化段，是指胶料从开始软化起至全部胶料产生流动为止的阶段，一般位于螺杆中部。由加料段输送来的松散胶团在压缩段将被压实和进一步软化，最后形成一体，并将胶料中夹带的空气向加料段排出。由于机筒和螺杆间的相对运动，使逐渐被压缩的胶料不断受到剪切和搅拌，胶温不断升高，胶料的黏度进一步下降，而逐渐形成连续的黏流体，并沿螺纹槽向前连续流动输送至压出段。

压出段又称匀化段，是从全部胶料开始产生流动至螺杆最前端的部位。其作用是将黏流态的胶料进一步均匀塑化、压缩，并输送到机头和口型压出。在压出段中螺纹槽充满了流动的胶料，在螺杆旋转时，这些胶料沿着螺纹槽推向前进。但当胶料前进时，受到机头和口型的阻碍，产生很大的流体静压力，一方面阻碍胶料的流动，另一方面又推动胶料流过口型。

由于机头和口型压力的存在及螺杆在机筒间的转动作用，胶料在压出段中的流动可分为三个方向的流动：一是在螺纹槽内垂直于螺纹线方向的流动；二是在螺纹槽内平行于螺纹线方向的流动；三是在螺纹突棱与机筒内壁之间平行于螺杆轴方向的流动。具体可包括以下四种流动形式。

（1）正流（又称顺流或推进流）　是胶料沿着螺纹槽向机头方向的流动，这是由于螺杆的旋转推挤作用而产生的，这种流动对半成品的压出速率是有利的。由于胶料与机筒（内壁粗糙）之间的摩擦力，因此正流的速度分布是机筒处最大，而螺杆表面处最小（接近零），如图 5-3a 所示。

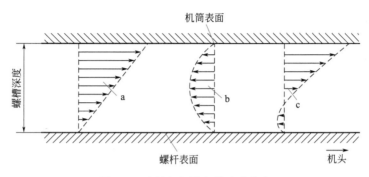

图 5-3　胶料在螺槽中的流速分布

（2）逆流（又称压力流或倒流）　是指胶料在螺槽中与正流方向相反的流动，这是由于机头和口型对胶料的阻力所造成的。由于胶料成黏流态，流动时有"黏壁现象"，所以逆流在螺槽深度方向上的流速分布为凸形，如图 5-3b 所示。逆流对半成品的压出速率是不利的，但却有利于提高胶料的致密性。

正流和逆流合成为净流，其速度分布如图 5-3c 所示。由于机头和口型对胶料的阻力从机头至加料口逐渐下降，因而逆流也从机头到加料口逐渐变小。

（3）横流（又称环流）　是指胶料在螺纹槽中沿着垂直于螺旋线方向的旋转流动，是螺杆对胶料推挤作用的另一种流动形式，如图 5-4 所示。它是由推进流（正流）和压力流（逆流）这两种流动造成的，横流对压出速率没有影响，但对胶料的混合、热交换及胶料均匀塑化起着重要作用。

（4）漏流　是指胶料在螺杆突棱与机筒内壁间隙中沿着螺杆轴向后的流动，是由于机头和口型对胶料的阻力所产生的一种压力逆流，如图 5-4 所示。漏流对压出速率是有害的，但因螺杆与机筒内壁间隙很小，因此漏流的流量很小，对实际中的压出速率影响较小。

胶料在压出段中的流动，是上述四种流动形式的综合，如图 5-5 所示。它们既不会有真正的逆流，也不会有完全封闭形的横流，而是以螺旋形的轨迹在螺纹槽中向前移动。从图 5-5 的流动情况看出，螺纹槽中胶料各点的线速度大小和方向是不同的，因而各点的变形大小也不相同，所以胶料在挤出机中是不断受到剪切、混合和挤压作用的。

【随着科技进步和产业升级，未来社会对人才的要求将更加全面和高质。因此，我们需要不断学习新知识、掌握新技能、提升创新能力，以适应社会发展的需要。在任何工作中都应发扬工匠精神，注重细节，追求卓越，以高标准、严要求推动个人成长和事业发展。】

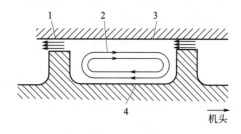

图 5-4 环流与漏流

1—漏流；2—环流；
3—机筒表面；4—螺杆表面

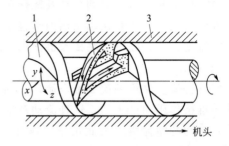

图 5-5 胶料在螺纹槽中的运动状况

1—螺杆；2—料块；3—机筒表面

15.3 胶料在口型中的流动状态和挤出变形

15.3.1 胶料在口型中的流动

胶料从螺杆的螺纹槽中被推出后，流入机头内。胶料的流动也由在螺纹槽内的螺旋式向前流动变成在机头中的稳定直线流动。由于机头内表面与胶料的摩擦作用，胶料流动受到很大阻力，因此胶料在机头内的流速分布是不均匀的。例如，挤出圆形断面胶条的机头，中间流速最大，越接近机头内表面流速越小，图 5-6 为胶料在锥形机头内的流动。

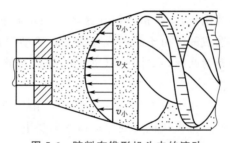

图 5-6 胶料在锥形机头内的流动

胶料经机头流过后便直接流向口型，胶料在口型中流动是在机头中流动的继续，为轴向流动。由于口型内表面对胶料流动的阻碍，胶料流动速度也存在着与机头类似的速度分布。只是由于口型横截面比机头横截面小，导致胶料流动速度以及中间部位和口型壁边部位的速度梯度更大，图 5-7(a) 和（b）分别为胶料在离开圆形口型前、后的流速分布。其他形状的口型也存在着类似的速度分布情况，即远离口型处胶料的流动速度大于近口型壁处的流动速度。这就使得胶料离开口型后，中间部位的变形大于边缘部位。

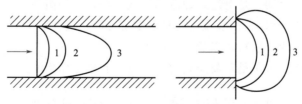

(a) 在口型内流动速度分布   (b) 离开口型后的流动速度分布

图 5-7 胶料在离开圆形口型前后流动速度分布

1,2,3—不同胶料

15.3.2 挤出变形

挤出变形解析

胶料的挤出和压延一样，如果是完全塑性，挤出半成品形状和尺寸就和口型的形状和尺寸完全相同。但是，由于胶料是黏弹性物质，使得挤出半成品的形状和尺寸不完全相同于口型。这种经口型挤出后的半成品变形，即长度沿挤出方向缩短，厚度沿垂直于挤出方向增加的性质，称为挤出变形（也称挤出收缩膨胀）。

出现挤出收缩膨胀变形的主要原因是胶料在进入口型之前，由于机筒直径大、流速小，而进入口型后则变为直径小而流速大，这就造成在口型入口处出现沿流动方向上的速度梯度，这种速度梯度使胶料受到拉伸作用，产生弹性变形。但口型板的厚度一般很小，使得胶料流过口型的时间很短，一般只有几分之一秒，在进入口型时产生的拉伸弹性变形来不及全部松弛，所以胶料从口型挤出后仍具有较大的内应力，即把弹性回复带出口型之外，导致挤出半成品出现长度收缩、断面膨胀的变形现象。

产生挤出收缩膨胀变形的原因，除上述的"入口效应"之外，再一原因是"剪切效应"，即各流层的速度不同，从而对橡胶分子链产生剪切变形，导致胶料挤出后的弹性恢复。但由于橡胶的挤出口型很短，不像塑料挤出口型那样长，因此引起挤出变形的原因是以"入口效应"为主，而以"剪切效应"为辅。

挤出变形现象不仅使挤出半成品的形状与口型形状不一致，而且也影响半成品的规格尺寸。因此，无论口型设计，还是工艺中对挤出半成品要求定长时，都必须考虑挤出变形的因素。

影响挤出变形的因素很多，主要决定于胶种和配方、工艺条件及半成品规格三个方面。

（1）胶种和配方的影响 不同胶种具有不同的挤出变形，在通用型胶种中，丁苯橡胶、丁腈橡胶、氯丁橡胶和丁基橡胶的挤出变形都大于顺丁橡胶和天然橡胶的挤出变形。表 5-1 为胎面胶中天然橡胶和丁苯橡胶的膨胀率。

表 5-1　不同胶种的胎面半成品膨胀率

生胶种类	膨胀率/%			
	边缘	胎冠边缘	胎冠	全宽度
100%天然橡胶	33	33	33	98
天然橡胶/丁苯橡胶	33	100	100	95
丁苯橡胶	28	115	120	90

胶料配方中含胶率越高，挤出变形越大。炭黑的结构性和用量增加，可以降低胶料的挤出变形，见表 5-2。白色填料，活性大的挤出变形较小，各向异性的（如陶土等）挤出变形也小。加入油膏、再生胶及其他润滑型软化剂，能增加胶料的流动性和松弛速度，使挤出变形减小。

（2）工艺条件的影响 胶料的可塑性越高弹性越小，胶料流动性越好，挤出变形较小；反之，则较大。因此，适当提高胶料可塑度，提高挤出前胶料热炼的均匀性，有利于降低挤出变形；但胶料可塑度不可太大，否则影响半成品挺性和成品力学性能。

适当提高机头温度，可以增加胶料的流动性和松弛速度，也可以降低挤出变形。

表 5-2　丁苯橡胶配用不同炭黑的挤出膨胀率　　　　　　单位:%

炭黑品种	炭黑用量/份				
	25	37.5	50	62.5	70
中超耐磨炉黑	141	100	60	35	23
高耐磨炉黑	122	88	52	36	28
快压出炉黑	144	90	52	18	5
半补强炉黑	142	114	87	52	15
槽法炭黑	140	126	104	84	67

　　在挤出温度不变的条件下，挤出速率越快，胶料所受到的瞬时应力越大，挤出变形越大；口型厚度越薄，则胶料通过口型的时间越短，胶料的形变松弛越不充分，挤出变形越大。因此，对挤出变形较大的胶料，采取较慢的挤出速率，适当增加口型厚度，都有利于降低挤出变形。

　　挤出口型的类型不同，也影响着挤出膨胀率，有芯型挤出比无芯型挤出的挤出变形要小，这是因为胶料的回复变形受到芯型的阻力作用之故；口型孔径尺寸相同时，形状复杂者，则挤出变形较小。

　　此外，若将挤出半成品在带外力的条件下停放或适当提高停放温度，挤出变形也会减小。

　　(3) 半成品规格的影响　相同配方的胶料，由于半成品的规格形状不同，挤出变形也不一样。挤出半成品尺寸越大，挤出变形越小。

　　总之，影响挤出变形的因素较多，在实际生产中，可以从多方面着手，控制主要因素，兼顾次要因素，就能有效降低挤出变形，获得断面准确、尺寸稳定的半成品。

　　【挤出变形的控制不仅是技术问题，也是质量管理问题。任何技术活动都应以质量为核心，我们要树立质量意识，追求卓越，以高标准要求自己，为社会提供高质量的工作成果。】

15.4　口型设计

　　口型是挤出机的主要部件之一，它决定着挤出半成品的形状和尺寸，因而对挤出工艺的影响很大。胶料挤出时，由于挤出胀大现象的存在，所以口型的尺寸不能与挤出半成品的尺寸相同，甚至形状也不能相同，如图 5-8 所示。要得到一个所要求的形状和尺寸的挤出半成品，必须认真地搞好口型设计。

微课扫一扫

挤出口型设计

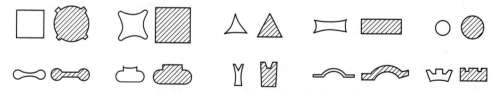

图 5-8　口型和挤出半成品的差异

有剖面线的是挤出物形状；无剖面线的是口型

15.4.1 口型设计的原则

为少走弯路，减少麻烦，在口型设计时，必须遵循一些基本原则，才能更快、更好地设计出所需要的口型。

（1）口型孔径的尺寸应与挤出机的螺杆直径相适应　口型孔径太大，导致机头压力不足，而使排胶量多少不一，半成品形状不规整，胶料致密性小；口型孔径太小，会导致胶料在机头中停滞时间太长而引起焦烧。一般挤出实心或圆形断面半成品时，口型孔径宜为螺杆直径的 1/3～3/4。表 5-3 列出不同挤出机螺杆直径的合适口型尺寸范围。

挤出扁平形半成品时，由于断面较薄，为了充分发挥设备潜力，可不受表 5-3 所限。例如胎面的挤出宽度，一般相当于螺杆直径的 2.5～3.5 倍，如表 5-4 所示。

表 5-3　螺杆直径与圆形口型孔的适用范围

螺杆直径/mm	口型尺寸/mm	螺杆直径/mm	口型尺寸/mm
35	12.7 以下	115	38～76
50	12.7～38	150	51～102
85	25～51	230	76～150

表 5-4　挤出胎面断面时挤出机螺杆直径与最大挤出宽度

螺杆直径/mm	最大挤出宽度/mm	螺杆直径/mm	最大挤出宽度/mm
115	300	200	700
150	380	250	800

（2）口型须设计一定锥角　通过使口型靠机头一端的口径大，靠排胶口一端的口径小，形成一定的锥角，如图 5-9 所示，锥角越大，则挤出压力越大，挤出速率越快，所得半成品致密性越好，但挤出变形也越大。一般情况下，口型锥角的确立是根据口型的尺寸及挤出胶料的特性而定。

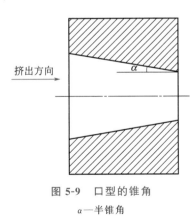

挤出方向

α

图 5-9　口型的锥角

α—半锥角

（3）口型内壁应光滑，呈流线型　口型内壁光滑，呈流线型，这样不会出现死角，不产生涡流，可使胶料在整个流动方向上的流动速度尽可能趋向一致。

（4）根据具体情况开设排胶孔　根据具体情况，应在口型的边部开设排胶孔（也称流胶孔），以防止胶料在边角处过多积存而产生焦烧或断边现象。通常，当螺杆直径与口型尺寸相差悬殊时须开设排胶孔；挤出断面不对称的半成品时，在小的一侧开设排胶孔；挤出扁平半成品时，须在口型的两侧开设排胶孔；T 形和 Y 形挤出机最易有死角，应在口型处加开排胶孔。图 5-10 为开有排胶孔的口型。

图 5-10　开有排胶孔的口型

排胶孔的大小，须按挤出半成品尺寸而定，当半成品尺寸越大，则排胶孔越小，甚至可以不开设。

（5）口型板的厚度应满足多方需求　口型板的厚度除满足强度需要外，还必须根据半成品形状、尺寸及胶料性质而定。口型板的厚度越大，胶料的挤出变形越小，但焦烧的危险性越大，因而易焦烧的胶料口型板宜薄些，而较薄的空心制品或再生胶含量较少的制品，则应选择较厚的口型板，以减少挤出变形。

（6）口型安装螺纹宜粗且深　鉴于口型拆装频繁，冷热差也剧烈，口型螺纹很易磨损，加之使用时受到相当高的内压，易偏位，所以螺纹宜粗且深。

15.4.2　口型设计的方法

（1）胶料挤出膨胀率的计算　口型尺寸的确定关键在于胶料挤出后的收缩膨胀率。为了表示胶料挤出变形的程度，一般用挤出半成品断面尺寸与口型断面尺寸的百分比表示胶料的挤出膨胀率，可用下式表示：

$$B = \frac{D}{D_0} \times 100\%$$

式中　B——胶料的挤出膨胀率，%；

$\quad\quad D$——挤出半成品的断面尺寸，mm；

$\quad\quad D_0$——口型的断面尺寸，mm。

胶料的挤出膨胀率是口型设计的关键参数，其选择正确与否，直接影响口型设计的准确性。但是，要准确地确定胶料膨胀率是比较困难的。确定胶料挤出膨胀率一般有两种方法，一种是依据相同或相似半成品（形状和尺寸、胶料配方、工艺方法和工艺条件相同或相似）的膨胀率来选择，这种方法由于各种因素的差别，误差较大，并受人为经验的影响很大；另一种是在相同工艺方法和工艺条件，相同胶料和近似口型的条件下，通过试验用公式来确定，这一方法的准确度较高，但需经过实验。

（2）设计方法步骤　由于影响口型设计关键参数——挤出膨胀率的因素很多，因而很难一次性地设计出合格的口型。通常根据口型设计的基本原则边设计，边试验，边修正，最后获得所需的口型。其设计步骤为：

① 在确定的工艺条件（温度、压出速率等）下，任选一个口型，用同一配方的胶料挤出一段坯料，计算其挤出膨胀率。

② 依据计算出的挤出膨胀率确定口型样板尺寸，其计算公式为：

$$口型样板尺寸=\frac{半成品尺寸}{挤出膨胀率}$$

若为中空制品（如内胎、胶管等），其口型直径可按下式确定：

$$口型直径=\frac{设计内径+内胶壁厚×2}{挤出膨胀率}$$

而各种实心制品挤出时的板式口型，除需考虑胶料的挤出膨胀率外，还要考虑挤出半成品的断面变形，通常是中间大边缘小的特点。这类口型的断面形状和半成品的断面形状间的变化规律如图 5-11 所示。

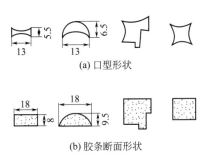

(a) 口型形状

(b) 胶条断面形状

图 5-11　几种实心制品口型和挤出胶条断面形状

③ 按上述计算所得的口型样板尺寸，制出比其略小尺寸的口型样板。

④ 按相同配方和工艺条件进行胶料半成品试挤出，并测量挤出后半成品各部位尺寸，计算实际挤出膨胀率。

⑤ 根据试验所得的半成品尺寸和实际挤出膨胀率，修正口型尺寸。并进行再试验，再修正，直至达到设计要求。

（3）设计举例　以汽车轮胎胎面口型设计为例。胎面口型呈长条式扁平形，几何形状比较复杂，各部位的挤出收缩率也不相同。若胎面胶半成品断面形状如图 5-12(a) 所示，各部位尺寸及胶料的挤出膨胀率（用近似口型通过试验测出）如表 5-5 所示，那么，胎面胶挤出口型的各部位尺寸可用下式求得：

$$胎面胶口型尺寸=\frac{胎面胶半成品断面尺寸}{挤出膨胀率}$$

计算出的口型各部位尺寸见表 5-5，按此尺寸所得口型形状如图 5-12(b) 所示。

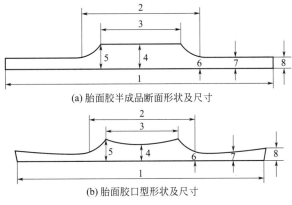

(a) 胎面胶半成品断面形状及尺寸

(b) 胎面胶口型形状及尺寸

图 5-12　胎面胶半成品断面及口型形状尺寸

表 5-5　胎面口型尺寸

部位	名称	挤出膨胀率/%	半成品断面尺寸/mm	口型尺寸/mm
1	全宽	110	600	545
2	肩宽	120	230	192
3	冠宽	100	160	160
4	冠厚	150	26	17
5	肩顶厚	110	26	24
6	肩下厚	180	3.5	2
7	侧中厚	170	3.5	2.1
8	侧边厚	160	3.5	2.2

【在学习和工作中要注重细节，追求完美，只有扎实的基础，才能支撑起后续的发展和成功。通过实践检验理论，并在实践中不断优化和完善，学会在复杂情境中进行全面思考，运用跨学科知识，形成解决问题的系统方案。】

任务 16　挤出工艺方法选择

挤出工艺主要包括胶料热炼（冷喂料挤出不必经过热炼）、供胶、挤出、冷却、裁断、接取和停放等工序。挤出工艺方法按喂料形式分为热喂料挤出法和冷喂料挤出法。一般挤出操作（除热炼外）均组成联动化作业。

16.1　挤出前胶料的准备

16.1.1　热炼

热炼主要是为了提高胶料混炼的均匀性和热塑性，以便于胶料挤出，得到规格尺寸准确、表面光滑、内部致密的半成品。热炼一般可分为粗炼和细炼。粗炼为低温薄通（温度为45℃，辊距为1~2mm），目的为进一步提高胶料的均匀性和可塑性。细炼为高温软化（温度为60~70℃，辊距为5~6mm），目的是进一步提高胶料的热塑性。生产中对于质量要求较低或小规格半成品（如力车胎胎面胶），可以一次完成热炼过程。

用于热炼的设备一般为开炼机，但前后辊的速度比要尽可能小，也可以用螺杆挤出机进行热炼。热炼机的供料能力必须与挤出机能力相一致，以免造成供胶脱节或热炼能力剩余等不正常现象。对热炼胶的要求是，同一产品其可塑度、胶温应均匀一致，返回胶的掺和率不大于30%，并且要求掺和均匀，以免影响挤出质量。

热炼的工艺条件（辊温、辊距、时间）需根据胶料种类、设备特点、工艺要求而定，以胶料掺和均匀并达到要求的预热温度为佳。常用橡胶的热炼工艺条件如表5-6所示。

表 5-6　各种橡胶胶料的热炼工艺条件

生胶种类	温度/℃		时间/mm	胶片厚度/mm
	前辊	后辊		
天然橡胶	76	60	8~10	10~12
天然橡胶/丁苯橡胶	50	60	8~10	10~12
天然橡胶/顺丁橡胶	50	60	8~10	10~12
丁腈橡胶	40	50	4~5	4~6
氯丁橡胶	<40	<40	3~4	4~6

通常，胶料的热塑性越高，流动性越好，压出就越容易，但是，热塑性太高时，胶料太软，挺性差，会造成挤出半成品变形、下塌或产生折痕。因此，供挤出中空制品的胶料，要特别防止过度热炼。

16.1.2　供胶

由于胶料挤出为连续生产，因而要求供胶均匀、连续，并且与挤出速率相配合，以免因供胶脱节或过剩影响挤出质量。

供胶方法有人工填料法和运输带连续供胶法。人工填料法是将热炼的胶料割成胶条，进行保温（保温式停放架），再由人工从喂料口填料，人工填料要特别注意胶条保温时间不宜过长（小于 1h），否则会使胶温下降或产生焦烧现象。运输带连续供胶法是采用架空运输带实现连续自动供胶，一般需配一台热炼机作为供胶机，但需注意积胶不宜太多，供胶胶条的宽度、厚度、输送速度等必须依据挤出机的螺杆转速、喂料口尺寸、挤出速率等确定，使其相配合，供胶运输带不宜太长，否则会使胶温下降而影响挤出质量。

【在任何工作中，细节决定成败。学会注重每一个细节，以精益求精的态度对待学习和工作中的每一项任务，在面对问题时，应采取科学的方法和步骤，逐步深入，循序渐进，以达到最佳效果。】

16.2　挤出工艺方法

16.2.1　热喂料挤出法

热喂料挤出法是指胶料喂入挤出机之前需经预先加热软化的挤出方法，所采用的设备为热喂料挤出机。由于胶料预先软化，因而在挤出机中的喂料段很短，不明显。此外，螺杆长径比较小（3～5），挤出机的功率也较小。常用的挤出机规格有螺杆直径 30mm、65mm、85mm、115mm、150mm、200mm、250mm 等。

微课扫一扫

热喂料挤出
工艺操作

热喂料挤出机设备结构简单，动力消耗小，胶料均匀一致；半成品表面光滑，规格尺寸稳定。但由于胶料需要热炼，增加了挤出作业工序，使总体的动力消耗大，占地面积大。

热喂料挤出法按机头内有无芯型，可分为有芯挤出和无芯挤出，按半成品组合形式，可分为整体挤出和分层挤出。整体挤出是指用一种胶料一台挤出机挤出一个半成品或由多种胶料多台挤出机，再通过复合机头挤出一个半成品。而分层挤出是指用多种胶料多台挤出机分别挤出多个部件，再经热贴合而形成一个半成品。

（1）挤出工艺条件和操作程序　挤出工艺条件主要包括挤出温度和挤出速率。

为使挤出过程顺利，减少挤出膨胀率，得到表面光滑、尺寸准确的半成品，并防止胶料焦烧，必须严格控制挤出机各部位温度，一般距口型越近温度越高。表 5-7 列出了常用橡胶的挤出温度。

挤出速率是以单位时间内挤出半成品的长度（或质量）来表示。与挤出温度、胶料性质和设备特性等有关，一般应视半成品规格和胶料性质而定，通常为 3～20m/min，螺杆的转速应控制在 30～50r/min 为宜。

挤出操作开始前，先根据技术要求安装上口型（和芯型），并预热机筒、机头、口型和芯型，一般采用蒸汽介质加热至规定温度范围（需 10～15min）。然后开始供胶调节口型，检查挤出半成品尺寸、表面状态（光滑程度、有无气泡等），直至完全符合要求后才能开始挤出半成品。半成品的公差范围根据产品规格和尺寸要求而定，一般小规格的尺寸公差为 ±0.75mm，大规格的为−1.0～+1.5mm。

表 5-7　常用橡胶的挤出温度

胶种	挤出机的各部位温度/℃			
	机筒温度	机头温度	口型温度	螺杆温度
天然橡胶	50～60	75～85	90～95	20～25
丁苯橡胶	40～50	70～80	100～105	20～25
顺丁橡胶	30～40	40～50	90～100	20～25
氯丁橡胶	20～35	50～60	<70	20～25
丁基橡胶	30～40	60～90	90～110	20～25
丁腈橡胶	30～40	65～90	90～110	20～25
乙丙橡胶	60～70	80～130	90～140	20～25

挤出完毕，在停机前必须将口型拆除，以便于将留存于机身中的存胶全部清除，以防胶料在机筒残余热量的作用下发生焦烧。但拆除口型是比较费力的，所以在停机前也可以加入一些不易焦烧的胶料，将机筒内原有的胶料挤出再停车。

在挤出过程中，如发现半成品胶料中有熟胶疙瘩及局部收缩，则是焦烧现象，必须即刻充分冷却机身。如焦烧现象严重时，则马上停止装料，停机卸下机头，清除机身中全部胶料，否则会损坏机器。

（2）影响挤出工艺及其质量的因素　影响挤出工艺及其质量的因素主要有胶料的组成和性质、挤出机的规格和特征及工艺条件三个方面。

不同胶种具有不同的挤出性能。胶料含胶率高，挤出变形大，半成品表面不光滑，挤出速率应慢；不同补强填充剂挤出性能也不同，炭黑结构性高，易于挤出，各向异性的填料挤出变形小，适当增加填料用量，挤出性能可得到改善，不仅挤出速率有所提高，而且挤出变形减小，但由于胶料硬度提高，挤出生热增加；适当采用软化剂，如硬脂酸、石蜡、凡士林、油膏及矿物油等，挤出变形小，半成品表面光滑，可以加快挤出速率；掺用再生胶后不仅能减少挤出生热，降低挤出变形，而且能加快挤出速率，增加挤出半成品的挺性；胶料可塑性大，流动性好，挤出变形小，挤出生热小，半成品表面光滑，挤出速率快，但可塑性太大，则挤出半成品缺乏挺性，易产生变形。

挤出机规格太大，则相对口型太小，使机头压力大，挤出速率快，但挤出变形大，同时由于胶料在机头内停滞时间长，易焦烧；相反，挤出机规格太小，则机头压力不足，挤出速率慢，排胶不均匀，半成品尺寸不稳定，且致密性较差。挤出机的长径比大，螺杆长度长，对胶料的作用时间长，胶料均匀性及所得半成品质量好，但易焦烧。螺纹槽的压缩比大，半成品致密性提高，但胶料生热高，易焦烧。

挤出温度和挤出速率对半成品尺寸精确性和表面光滑性影响很大。挤出温度过低，则胶料塑化不充分，使半成品挤出变形大，表面粗糙，且动力消耗也大，但挤出温度过高，胶料易产生焦烧；挤出速率过快，挤出变形增大，半成品表面粗糙，挤出生热高，易焦烧，挤出速率过慢，则使生产效率降低。

此外，挤出后半成品的接取装置速度应与挤出速率相匹配，否则会造成半成品断面尺寸不准确，甚至表面出现裂纹等弊病。一般接取速度要比挤出速率稍快为宜。

影响挤出工艺及其质量的因素是十分复杂的，生产中只有结合胶料的配方和挤出设备的实际情况，才能制订出恰当的挤出工艺条件，制得符合要求的挤出半成品。

16.2.2 冷喂料挤出法

冷喂料挤出法是指胶料直接在室温条件下喂入挤出机中的一种挤出方法，与热喂料挤出法相比，胶料在挤出机中有明显的喂料段。此法采用的冷喂料挤出机，长径比很大，一般为8～16，相当于普通挤出机的两倍以上，压缩比较大，一般为1.7～1.8，以强化螺杆的剪切和混炼作用，使胶料获得均匀的温度和可塑性。螺杆螺纹有单螺纹和双螺纹两种，前者用于挤出硬性胶料，后者用于挤出塑性高的胶料，螺纹结构一般为等距不等深式。

冷喂料挤出
工艺操作

为便于自动加料，在加料口下加装一个加料辊，加料辊与螺杆最末端的三个螺纹并列，加料辊尾部有一联动齿轮，与主轴的附属驱动齿轮相啮合，直接由螺杆轴带动。当加料辊运转时，由于与螺杆摩擦而生热，使冷胶料通过时变热，又由于与螺杆间保持适当的速比，能使胶条匀速地进入螺杆，保证挤出物均匀。加料辊虽是机身的一个部件，但与机身的结合是活络的，可以随意安装或拆开。

由于摩擦引起的热量比一般挤出机大，所以冷喂料挤出机所需功率较大，相当于普通挤出机的两倍。通常使用的冷喂料挤出机规格有 XJW-60，XJW-90，XJW-120，XJW-150，XJW-200 等。

（1）挤出工艺条件和操作程序　挤出前，根据挤出制品的要求，选用与之相应的机头和口型，并检查全部管路是否畅通，润滑部位润滑油是否足够，冷却水压力是否符合要求；启动润滑系统，待润滑正常后，启动主电机；启动温控系统，调整好各部位温度（一般温度在40～90℃之间），使机头、机筒各部及螺杆达到工艺要求温度；开车将切割成条的胶料喂入加料口，进行挤出成型作业；工作完毕，必须将机头及机身中的残余胶料挤出，可加入适量不加硫化剂的胶料滞留在机筒内，防止机身内衬套与螺杆之间磨损。

机筒内存有胶料时，由于螺杆长径比较大，螺杆与冷胶料之间作用力大，未经预热切勿强行启动主电机，否则会造成设备部件的损坏。

（2）冷喂料挤出工艺的特点　冷喂料挤出法和热喂料挤出法相比，由于胶料无需热炼，故简化了工序，节省了人力和设备，劳动力可节约50％以上；挤出工艺总体消耗能源少，设施占地面积小；应用范围广，灵活性较大，不存在热炼工序对半成品质量的影响，使挤出物外形更趋一致，而且不易产生焦烧现象；自动化、连续化程度高，但却存在挤出物表面容易出现粗糙的现象，挤出机昂贵等缺陷。

冷喂料挤出工艺与热喂料挤出工艺的区别是在加料前，需将机身和机头预热，并开快转速，使挤出机各部位温度普遍升高到120℃左右，然后开放冷却水，在短时间内（2min）使温度骤降到机头70℃左右，机身65℃左右，加料口55℃左右，螺杆80℃左右，若挤出合成橡胶胶料，加料后可不通蒸汽，甚至还要开放冷却水。天然橡胶胶料进行冷喂料挤出时，则各部位的温度应控制得略高些，机头和机筒还应适当通入蒸汽加热。冷喂料挤出机的温度控制比较灵敏，可通过控制螺杆和机筒温度的匹配，取得挤出质量和塑化质量之间较好的平衡。

【在面对生活和工作中的多种选择时，需要基于实际情况，综合考虑各种因素，做出最合理的决策。学会在变化的环境中迅速适应，及时调整自己的策略和行动计划，在面对复杂问题时，要有系统思维，综合考虑各种因素，制订全面的解决方案。】

16.3 挤出后的工艺

胶料刚挤出后，因半成品刚刚离开口型，温度较高，有时可高达100℃以上，并且挤出为连续过程，故挤出后必须相继进行冷却、裁断、称量和停放等过程。

（1）冷却　冷却的目的：一是降低半成品温度，防止其在存放过程中产生焦烧；二是防止半成品的热塑性变形，使其断面尺寸尽快地稳定下来，并具备一定挺性。目前，冷却方法有自然冷却和强制冷却两种。自然冷却效果较差，只能用于薄型半成品冷却，对厚制品要进行强制冷却。强制冷却有冷却水冷却和强风冷却，其中以冷却水冷却效果较好。冷却水冷却又有水槽冷却、喷淋冷却和混合冷却三种，其中混合冷却应用较为普遍。在冷却操作时要防止半成品因骤冷而引起的局部收缩和喷硫现象，所以先用40℃左右的温水冷却，然后再进一步降至30～20℃，冷却后的半成品胶温在40℃以下为宜。

挤出大型半成品（如胎面），一般需经预缩处理后再进入冷却水槽，预缩的方法是使半成品进入收缩性辊道，使其沿长度方向进行强制收缩定型，使预缩率达5%～12%，这样可减少半成品进入冷却水槽后的变形。

（2）裁断　裁断是根据产品施工要求将挤出半成品裁成一定长度，以便于存放和下道工序使用。裁断一般采用机械裁断，有时也可人工裁剪。裁断作业有一次裁断和二次裁断，一次裁断，即裁一次即可达到施工标准要求（如胶管内胶层），这样既省工又可减少返回胶料，但对定长要求高的半成品（如轮胎胎面胶），就必须进行二次裁断，即先裁断成超过施工标准的长度，将半成品停放一段时间后，再进行第二次裁断以达到施工标准长度。

（3）称量　称量是称出挤出半成品单位长度或规定长度的质量，以检查挤出半成品是否符合工艺要求。通常使用自动秤进行称量。

（4）停放　半成品停放的目的是使胶料得到松弛，同时也是为了满足生产管理对半成品储备的需求。停放一般采用停放架、停放车、停放盘等工具。半成品停放温度应保证在35℃以下，停放时间一般为4～72h。

实际生产中，挤出半成品的冷却、裁断、称量等均可在联动线上进行。此外，有些挤出半成品还需进行打磨、喷浆、打孔等处理。总之，挤出后的工艺应根据制品的加工及性能要求合理确定。

【在任何工作和学习任务中，后续的检查和改进工作同样重要，不能忽视。我们应学会在完成任务后进行反思和完善，确保成果的高质量。同时，对细节的精确把控往往决定着最终的成败。通过培养对细节的关注和精细管理能力，可以显著提升工作效果和学习成效。】

任务 17　常用橡胶的挤出特性

不同橡胶结构方面（如取代基特性、分子量分布、分子链支化程度等）的差异，使胶料挤出后的应力松弛速度不同，挤出变形率也不同。一般地，合成橡胶的挤出变形大于天然橡胶（顺丁胶和硅橡胶较小），合成橡胶的挤出特性普遍表现为断面膨胀率大，黏流活化能较高致使挤出温度较高，胶料的黏度对温度的敏感性较大以及挤出生热较高等。以下将分别简述各种常用橡胶的挤出特性。

17.1　天然橡胶挤出特性分析

天然橡胶比合成橡胶易于挤出，其挤出速率快，胶料的收缩率低，半成品的尺寸、形状稳定性好，表面光滑，且致密性高。

17.2　丁苯橡胶挤出特性分析

丁苯橡胶由于可塑性较低，挤出比较困难，表现为挤出速率较慢，挤出变形较大，半成品表面较粗糙。因此，常与天然橡胶并用或加入再生胶改善挤出性能。选用快压出炉黑、半补强炉黑、白炭黑、活性碳酸钙等作补强填充剂可使挤出性能得到改善。

17.3　顺丁橡胶挤出特性分析

顺丁橡胶由于分子量分布较窄，其挤出性能比天然橡胶略差，表现为挤出变形稍大，挤出速率较慢。由于顺丁橡胶的抗热撕裂性能差，对温度敏感，挤出适应温度范围较窄，因此，机头和口型的温度应严格控制在较低范围。此外，采用高结构、多用量的炭黑和适量的软化剂可降低挤出变形。

17.4　氯丁橡胶挤出特性分析

氯丁橡胶的挤出变形比天然橡胶大，但比丁基橡胶小。由于氯丁橡胶对温度的敏感性强和易焦烧，因此挤出时应利用其弹性态温度范围，一般采用冷机筒（低于50℃）、热机头（60℃左右）、热口型（低于70℃）的挤出工艺条件。如果挤出温度过高（超过70℃）则呈粒状态，不仅会降低螺杆的推进作用，使挤出半成品表面粗糙，而且易产生焦烧现象。

非硫黄调节型氯丁橡胶，由于弹性态温度范围较宽，所以比硫黄调节型氯丁橡胶易于挤出，但由于结晶倾向大，胶料较硬，故挤出变形较大，半成品表面较粗糙。

为改善氯丁橡胶的挤出性能，可在配方中加入滑润型软化剂，如硬脂酸、凡士林、机械油、油膏等，并加入高结构炭黑，如高耐磨炉黑、快压出炉黑等。

氯丁橡胶热炼时间不宜太长，挤出半成品需充分冷却，这对防止焦烧都是有利的。

17.5　丁腈橡胶挤出特性分析

丁腈橡胶的可塑性低，生热性大，挤出半成品断面膨胀率大，表面粗糙，易焦烧，挤出性能差，故挤出速率应控制得较慢。

为改进丁腈橡胶的挤出性能，在工艺上挤出胶料所用的生胶应充分塑炼，挤出前胶料热炼应均匀、充分。在配方上可适当降低含胶率，加入适当的补强填充剂（如炭黑、碳酸钙、陶土等）和滑润型软化剂（如硬脂酸、凡士林、石蜡、机械油、油膏等）。

当挤出温度提高时，丁腈橡胶的挤出速率也相应提高。

17.6　丁基橡胶挤出特性分析

丁基橡胶的分子链柔性差，生胶强度低，自黏性差，造成挤出困难，挤出变形大，生热大，挤出速率缓慢，因此，需严格控制挤出温度，机身温度要低些，口型温度应高些。

改进丁基橡胶的挤出性能可采用长径比较大（最好是7～10）的挤出机进行冷喂料挤

出，螺峰与机筒的间隙要小（0.125～0.25mm），否则会影响排胶量；配方中采用高填充配合，使用炉法炭黑（如高耐磨炉黑、快压出炉黑等）或加入无机填料（如陶土、白炭黑等）能有效地提高挤出效果；配用一定量（10份左右）的滑润型软化剂（如石蜡、操作油、硬脂酸锌等）可提高挤出速率；挤出半成品宜急速冷却，以防因机头温度高而使半成品变形。

此外，由于丁基橡胶与其他橡胶的共硫化性差，因此挤出时不能混入其他胶种。

17.7 乙丙橡胶挤出特性分析

乙丙橡胶比其他合成橡胶容易挤出，挤出变形较小，挤出速率较快，尤其是乙烯含量高、分子量分布窄的乙丙橡胶挤出性能好。

应选择低穆尼黏度值（40～60为宜）的乙丙橡胶进行挤出，挤出温度可适当高些，有利于提高挤出速率和降低挤出变形，但挤出速率不能太快，否则，半成品断面膨胀率增大、表面粗糙，尺寸稳定性差。

高填充配合，特别是填充高结构炉黑和大量的非补强性炭黑，可获得表面光滑的挤出半成品；填充白色补强填充剂，如钛白粉、滑石粉、碳酸钙等，可提高乙丙橡胶的挤出速率，其挤出速率可超过炭黑胶料。

【不同橡胶挤出特性的差异也要求我们具备灵活的思维方式和解决问题的能力。在挤出过程中，可能需要根据橡胶的特性调整工艺参数、优化设备配置，以确保挤出过程的顺利进行和产品质量的稳定。这种对专业问题的敏感性和应对能力，同样可以迁移到我们面对人生挑战和困境时的态度与行动上。】

任务 18　挤出工艺质量问题及改进

挤出工艺在橡胶制品生产中应用极为普遍，其工艺质量直接影响着制品的质量和生产效率，由于工艺条件掌握不当，挤出半成品常会产生表面粗糙、内部气孔、焦烧、破边及厚薄不均等质量问题，应及时查找原因，进行有效处理。表 5-8 列出了挤出工艺中可能出现的质量问题及相应的改进方法。

挤出工艺质量
问题分析

【面对这些质量问题，我们需要深入剖析其产生的原因，从原材料的质量、设备的状态、工艺的合理性等多个方面进行综合分析。同时，我们还要根据问题的性质，采取相应的改进措施，如优化工艺参数、提高设备精度、加强质量检测等。这些改进措施的实施，需要我们具备精益求精的职业态度、精湛的工艺技能和强烈的责任心。】

表 5-8　挤出工艺质量问题及改进措施

质量问题	形成原因	改进措施
半成品表面 不光滑	1. 热炼、挤出温度低 2. 局部焦烧 3. 牵引速度慢于挤出速率 4. 胶料预热不均匀或返回胶掺炼不均 5. 挤出速率过快 6. 配方不当 7. 胶料可塑性过低	1. 提高热炼、挤出温度 2. 调整机台温度或按下述焦烧质量问题的改进措施处理 3. 提高牵引速度 4. 延长热炼时间 5. 调整挤出速率 6. 改进配方 7. 提高胶料可塑性

质量问题	形成原因	改进措施
焦烧	1.配方不当焦烧时间太短 2.积胶或死角 3.排胶孔太小 4.机头温度太高 5.螺杆冷却不足 6.出现滞料现象 7.挤出后冷却不充分	1.调整配方 2.改变口型锥角,定期清除积胶 3.加开排胶孔 4.降低机头温度 5.加强螺杆冷却 6.实现连续定量供料 7.加强挤出物冷却
起泡与海绵	1.挤出速率太快 2.原料中水分、挥发物太多 3.热炼时夹入空气 4.机头温度过高 5.分层挤出时层与层间贴合不实 6.供胶不足,机头内部压力不足	1.调慢挤出速率 2.加强原材料检验和补充加工 3.改进热炼操作,采用排气真空挤出机 4.降低机头温度 5.加大贴合压辊压力 6.加大供胶量
条痕裂口	1.口型内存有杂物 2.热炼不充分 3.畸形产品,各部位应力不一致 4.挤出速率太快 5.牵引速度太快 6.胶料热撕裂性能差 7.口型或芯型表面粗糙	1.松开口型,清除杂物 2.加长热炼时间 3.改进口型设计 4.降低挤出速率 5.降低牵引速度 6.修改配方 7.检修口型或芯型
规格不符合要求	1.挤出速率或温度不符合要求 2.牵引速度太快或太慢 3.口型或芯型不正 4.热炼胶温度不符合要求 5.口型使用过久被磨损或设计不合理	1.严格控制挤出速率和温度 2.使牵引速度和挤出速率相一致 3.调节好口型或芯型的位置 4.控制供胶温度 5.重新设计或更换口型

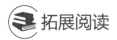

拓展阅读

模头膨胀导致共挤橡胶型材的结构变形/不稳定性——使用 3D 模型进行实验和 CFD 研究❶

共挤成型工艺是制造长聚合物型材最常用的成型技术,因为它能高效地生产出复杂形状和可变几何形状的产品。聚合物共挤产品的应用范围非常广泛,这吸引了研究人员对挤出物的变形行为进行研究。如图 5-13 所示,在共挤工艺中,两台挤出机连接在一起,同时挤出共混橡胶,并在模具出口前合流形成单一产品。在压力作用下,模头内的软橡胶混合物的结合过程可提高混合物之间的相互黏合力。橡胶化合物在共挤过程中以一致的方式融合,形成单一的轮廓。然后使用红外线、微波或热风隧道等连续硫化系统对新产品进行均匀硫化。

对于形状复杂的型材,挤出物的形状会随着尺寸的变化而变化,从而导致挤出物型材整体结构的复杂性。挤出物的这种结构变形取决于挤出物材料的热学和流变学特性、挤出模的

---

❶ Sharma S,Goswami M,Deb A,et al. Structural deformation/instability of the co-extrudate rubber profiles due to die swell:Experimental and CFD studies with 3D models [J]. Chemical Engineering Journal,2021,424:130504.

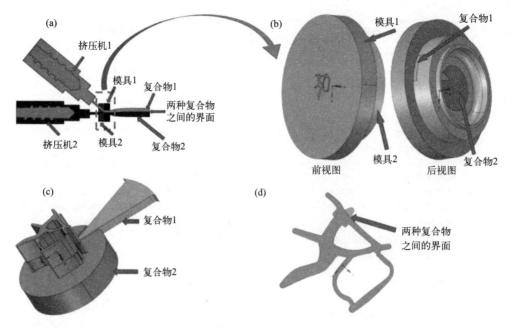

图 5-13　(a) 挤压机；(b) 模具（正反面）；(c) 流动路径；(d) 混合材料后的流动路径

几何形状、滑移和加工条件。此外，整个流域的流动和热边界条件以及非牛顿流体的复杂流变模型，进一步加强了对挤出物形状和尺寸的预测的难度。由于这些现象，要设计一个合适的挤压模具来实现任何所需的橡胶轮廓形状，是一项挑战。为了实现流体流动行为的可视化，计算流体动力学（CFD）是实现复杂模具设计的最常用方法之一。

有人提出了一种改进共挤成型工艺数值模拟的可行方法，以生产出目标形状的聚合物共挤产品。通过使用 ANSYS Polyflow® 软件进行模拟，建立一个模型。该模型包括一个名为 ANSYS Polymat 的预处理器，可通过与实验数据进行曲线拟合来评估材料特性。在这里，材料的特定行为被选为输入变量。随后，提出的模型被应用于有限元法，以模拟与模具膨胀相关的流动行为和变形。模拟结果和实验结果之间的定量相关性显示误差小于 1.5%，可以得出以下结论：

① 这种数值技术只需借助计算机的帮助，就能将复杂的共挤橡胶轮廓形状可视化。因此，它将有助于缩短产品开发周期，降低产品成本。

② 模具内的速度和压力轮廓也可以可视化，这将有助于平衡流动，并通过减少跨模具的压降来降低功耗。

③ 这项技术有助于模具设计人员通过虚拟修改模具来分析共挤出物的形状，而不是在挤出生产线上反复试验。

📎 课后训练

1. 什么叫挤出？挤出工艺有何优点？
2. 论述胶料挤出变形的实质及其影响因素是什么。
3. 口型设计的基本原则是什么？如何进行口型设计？

4.为什么要严格控制挤出机各部位的温度？

5.为什么要规定挤出速度？哪些因素影响挤出速度？

6.挤出过程中胶料若产生焦烧应如何处理？

7.论述热喂料挤出的工艺流程及操作要点。

8.冷喂料挤出工艺的基本特点是什么？

9.试说明几种主要合成橡胶的挤出特点。

10.用天然橡胶或丁基橡胶制备轮胎内胎，说明两者在挤出工艺中的共性和个性是什么。

11.列举挤出轮胎胎面胶或胶管内胶的主要质量问题，并查找产生原因，提出改进措施。

项目 6
橡胶硫化工艺

📚 项目描述

本项目主要包括橡胶硫化所涉及的硫化原理分析、硫化工艺条件确定、硫化介质选择以及硫化质量问题的分析及解决等内容，了解硫化原理、掌握硫化介质的选择方法、掌握硫化工艺选择方法并能对常见硫化质量问题进行分析和处理。

任务 19 硫化原理分析

硫化是橡胶制品生产的最后一个工艺过程。硫化是指将具有塑性的混炼胶经过适当加工（如压延、压出、成型等）而成的半成品，在一定外部条件下通过化学因素（如硫化体系）或物理因素（如 γ 射线）的作用，重新转化为弹性橡胶或硬质橡胶，从而获得使用性能的工艺过程。

微课扫一扫

硫化

硫化的实质是橡胶的微观结构发生了质的变化，即通过交联反应，使线型的橡胶分子转化为空间网状结构（软质硫化胶）或体型结构（硬质硫化胶）。促使这个转化作用的外部条件，就是硫化所必需的工艺条件：温度、时间和压力。因此，硫化工艺条件的合理确定和严格控制，是决定橡胶制品质量的关键一环。

19.1 橡胶的硫化历程

橡胶的硫化过程是一个十分复杂的化学反应过程，它包含橡胶分子与硫化剂及其他配合剂之间发生的一系列化学反应及在形成网状结构的同时所伴随发生的各种副反应。对于硫黄-促进剂为硫化体系的胶料配合来说，整个硫化历程可分为硫化起步阶段、欠硫阶段、正硫化阶段、过硫阶段。

19.1.1 硫化起步阶段

硫化起步阶段是指胶料开始变硬，从此不能进行热塑性流动那一点的时间。在平板加压硫化中，硫化起步的快慢和配合体系中硫化促进剂的种类密切相关。如采用超速促进剂时硫化起步较早，而采用后效性促进剂（如次磺酰胺类促进剂）可获得较长的焦烧期和操作安全性。平板加压硫化时，为使模型全部充满胶料，必须在硫化起步前有一较长的时间使胶料处于流动状态。在这个阶段内，交联尚未开始，胶料在模内有良好的流动

微课扫一扫

橡胶的硫化历程

性，这个阶段的长短决定胶料的焦烧性和操作安全性。从这一阶段的终点起，胶料开始发硬并丧失流动性。若在模压硫化中，则胶料停止在模内流动。若在无模硫化中，硫化起步应尽可能早一些，以使制品在硫化中尽量保持原形；因胶料硫化起步快而迅速变硬，可以防止制品受热而发生变形。但多数情况下，硫化起步尽可能晚一些，避免对胶料操作安全不利。

19.1.2　欠硫阶段

硫化起步和正硫化之间的阶段称为欠硫。此时胶料交联度较低，橡胶制品应具备的性能大多还不明显。故高度欠硫的制品没有工业价值。

制品欠硫表现出拉伸强度低，伸长率高，永久变形大，老化性能较差。轻微欠硫的制品表现为：拉伸强度、弹性和拉伸应力仍不理想，扯断伸长率较高，但硫化胶的抗撕裂性能、耐磨性能和动态裂口都优于正硫化胶。因而可根据实际应用，使制品处于轻微欠硫或正硫化阶段以此平衡制品的各项性能。

19.1.3　正硫化阶段

在多数情况下，制品的硫化都必须使其达到适当的交联度即正硫化。在工艺上的正硫化并非拉伸应力-硫化时间的最高点，而实际是在比其稍低的位置。在此阶段，硫化胶的各项力学性能分别达到或接近最佳点。总之它们之间取得最佳的综合平衡，这一阶段对应的温度与时间，分别称之为正硫化温度与正硫化时间，合称为正硫化条件。

橡胶是一种不良导热材料，热导率小，比热容大，传热时间长。由于橡胶的导热性差，故在硫化时胶料本身升温慢，而从硫化加热区取出后的散热降温过程也很慢。制品从平板硫化机或硫化罐取出后，要在短时间内终止交联比较困难，此种交联反应甚至一直延续到成品的储存。其中，具体表现为拉伸强度仍继续稍微上升，也可称之为后硫化。

厚制品散热越慢，后硫化在整个硫化过程中所占的比例也越大，在确定正硫化条件时，可考虑从以下几方面予以解决。

① 选用平坦性好，无损于质量但又能实现快速硫化的硫化体系。

② 采用高频预热的方法，对半成品进行场外预热，利用介电加热，缩小内外温差。

③ 对厚制品中间制品，根据各部件配方硫化速率不同的特点，使内外温度场的温度尽可能接近，使最厚与最薄部位同时达到正硫化。

④ 充分考虑后硫化效应在产品整个硫化历程中的作用。制品取出后，由于传热慢，冷却慢，内部还在继续硫化。后硫化使拉伸强度增加，硬度增加，但弹性减小，寿命缩短。

19.1.4　过硫阶段

正硫化阶段之后，继续硫化便进入了过硫化阶段。此阶段主要发生交联键的重排作用及交联键和链段热裂解的反应。对于一般橡胶来说，此阶段存在一个各项力学性能保持稳定的阶段，即硫化平坦期。硫化平坦期之后，可出现三种情况：第一种曲线转为下降，如图 6-1 中的曲线 a，这是胶料在过硫化阶段中发生网状结构的热裂解，产生硫化返原现象所致，通常硫黄硫化的天然橡胶、硅橡胶、氟橡胶会出现这种现象。第二种是曲线保持较长的平坦期，如图 6-1 中的曲线 b，通常用硫黄硫化天然橡胶、丁腈橡胶、氯丁橡胶、三元乙丙橡胶、硅橡胶、氟橡胶等会出现这种现象。第三种是曲线继续上升，如图 6-1 中的虚线 c，这种状态是由于在过硫阶段中产生了结构化作用所致，通常非硫黄硫化的丁苯橡胶、丁腈橡胶、三元乙丙橡胶等会出现这种现象；在硫化阶段，交联和断链贯穿整个过程的始终。在过硫阶段，若交联占优势，则橡胶发硬；反之如果断链超过交联，则橡胶发软，硫化曲线是两种作用的综合结果。

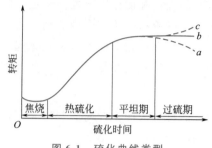

图 6-1　硫化曲线类型

19.2　正硫化及其测定方法

19.2.1　正硫化及正硫化时间的概念

正硫化又称最宜硫化，是指硫化过程中胶料综合性能达到最佳值时的硫化状态。实际上正硫化时间不是一个点，而是一个阶段，在正硫化阶段中，胶料的力学性能能保持最高值或略低于最高值。如果实际胶料的硫化不及正硫化，则称为欠硫；超过正硫化，则称为过硫。欠硫和过硫都会使胶料的力学性能和耐老化性能下降。

相应地，把胶料达到正硫化所需要的最短硫化时间称为正硫化时间。把保持胶料处于正硫化阶段所经历的时间称为平坦硫化时间。

胶料正硫化时间的长短不仅与胶料的配方、硫化温度和硫化压力等有直接的关系，而且要受到硫化工艺方法，尤其是受到所考察的某些主要性能的影响。因为在硫化工艺条件下不可能使胶料所有的性能同时达到最佳值，另外有些特性还会在一定程度上出现相互矛盾。如橡胶的撕裂强度、耐裂口性能在达到正硫化时间前稍微欠硫时最好；胶料的回弹性、生热性、抗溶胀性能及压缩永久变形等则在轻微过硫时最好；而胶料的拉伸强度、定伸应力（指天然橡胶硫黄硫化时）、耐磨及耐老化性能则在正硫化时为最好。把这种考察上述诸多因素之后而得到的正硫化时间，称为"工艺正硫化时间"。显然，工艺正硫化时间更具有现实的工艺意义。

如果从理论上加以分析，硫化是化学交联反应过程，那么，正硫化与交联密度之间存在着怎样的关系呢？从硫化反应的动力学研究表明，正硫化是指胶料达到最大交联密度时的硫化状态。正硫化时间是指达到最大交联密度时所需的时间。显然，由交联密度确定正硫化是比较合理的。为了与习惯上的工艺正硫化和工艺正硫化时间相区别，可将其分别称为理论正硫化和理论正硫化时间。理论正硫化和理论正硫化时间与工艺正硫化和工艺正硫化时间是有着一定差别的。

19.2.2　正硫化时间的测定方法

测定胶料的硫化程度和正硫化时间的方法很多，但基本上可分为三大类，即物理-化学法、力学性能测定法和专用仪器法。前两类方法是在确定的硫化温度下、用不同硫化时间制得硫化胶试片，测得各项性能后，绘制成曲线图，从曲线中找出最佳值所对应的时间，作为正硫化时间。最后一类方法则是在确定的温度下，连续测出硫化曲线，直接从曲线上找出正硫化时间。

（1）物理-化学法　属于此类测定方法的有游离硫测定法和溶胀法。

① 游离硫测定法是分别测出不同硫化时间的试片中的游离硫量，然后绘出游离硫量-时

间曲线，曲线上游离硫量最小值所对应的硫化时间即为正硫化时间。

胶料在硫化过程中，随着交联密度的增加，结合硫量逐渐增加，而游离硫量逐渐减小，当游离硫量降至最低值时，即达到最大的交联程度。因此，此法所测得的正硫化时间与理论正硫化时间应该是一致的。但由于在硫化反应中消耗的硫黄并非全部构成有效的交联键，因此所得结果不能准确地反映胶料的硫化程度，而且不适于非硫黄硫化的胶料。

② 溶胀法是将不同硫化时间的试片，置于适当的溶剂（如苯、汽油等）中，在恒温下，经一定时间达到溶胀平衡后，取出试片进行称量，根据计算出的溶胀率绘成溶胀曲线，如图 6-2 所示。溶胀率的计算公式为：

$$溶胀率 = \frac{G_2 - G_1}{G_1} \times 100\% \tag{6-1}$$

式中　G_1——试片在溶胀前的质量，g；

　　　G_2——试片在溶胀后的质量，g。

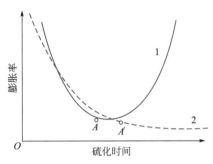

图 6-2　溶胀曲线
（A，A'为正硫化选择点）
1—天然胶；2—合成胶

天然橡胶的溶胀曲线呈"U"形，曲线最低点的对应时间即为正硫化时间。合成橡胶的溶胀曲线类似于渐近线，其转折点即为正硫化时间。

橡胶在溶剂中的溶胀程度是随交联密度的增大而减小的，在充分交联时，将出现最低值。因此，溶胀法是测定正硫化的标准方法，由此测得的正硫化时间为理论正硫化时间。

（2）力学性能测定法　在硫化过程中，由于交联键的不断形成和之后的重排及裂解等，橡胶的力学性能都随之发生变化。因此，可以说所有的力学性能试验方法都能用作测定正硫化时间的方法。但在生产中，通常是根据产品的性能要求，而采用一项或几项性能试验作为正硫化时间的测定方法。如性能侧重于强度的，就采用定伸应力或拉伸强度的试验；如性能侧重于变形的，可采用压缩变形试验；如要兼顾强伸性能的，可采用抗张积试验。常采用的测定方法有定伸应力法、拉伸强度法、抗张积法、压缩永久变形法及综合取值法等。

① 定伸应力法是根据不同硫化时间试片的 300％定伸应力绘出曲线，如图 6-3 所示。曲线在强度轴的转折点所对应的时间即为正硫化时间。也可采用图解法确定正硫化时间，即通过原点作一条直线，与定伸应力曲线上最早出现的最高点相连接，然后再划一条与之平行并与之定伸应力相切的直线，其切点（图 6-3 中的 F 点）所对应的时间即为正硫化时间。

在一般情况下，定伸应力是与交联密度成正比的。硫化过程中定伸应力的增大在某种程度上是反映橡胶弹性的增大，其曲线是随结合硫量的增加而增至最高值。由 300％定伸应力所确定的正硫化时间基本上与理论正硫化时间相一致。

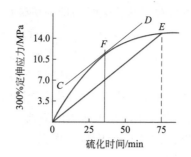

图 6-3　用定伸应力求找正硫化时间图解

② 拉伸强度法与定伸强度法相似。通常，选择拉伸强度最大值或比最大值略低（考虑到后硫化）时所对应的时间为正硫化时间。

胶料的拉伸强度是随交联密度的增加而增大，但达到最大值后，便随交联密度的增加而降低。这是因为交联密度的进一步增加，会使分子链的定向排列发生困难所致。所以，由拉伸强度确定的正硫化时间为工艺正硫化时间。

③ 抗张积法是依据不同硫化时间试片的拉伸强度和扯断伸长率分别绘出曲线，两曲线乘积的最大值可代表强伸性能的最佳平衡所在，因此可作为正硫化范围。从抗张积的物理意义考虑，它近似于试片被扯断时所消耗的能量。由于抗张积的最大值处于最大交联密度之前，因此用抗张积确定的正硫化时间也为工艺正硫化时间。

④ 压缩永久变形法是根据不同硫化时间试样的压缩永久变形值绘成曲线，如图 6-4 所示。曲线中第二转折点对应的时间即为正硫化时间。

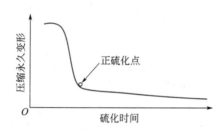

图 6-4　压缩永久变形与硫化时间的关系

在硫化过程中，随交联密度的上升，胶料的塑性逐渐下降，而弹性逐渐上升，胶料受压缩后的弹性复原性也就随之逐渐增加，压缩永久变形则逐渐减小。在一般情况下，压缩永久变形与交联密度成反比关系，因此可用压缩永久变形的变化曲线来确定硫化程度，且所测得的正硫化时间与理论正硫化时间相一致。

⑤ 综合取值法是分别测出不同硫化时间试样的拉伸强度、定伸应力、硬度和压缩永久变形四项性能的最佳值所对应的时间，按下式取加权平均值，作为正硫化时间：

$$正硫化时间 = \frac{4T + 2S + M + H}{8} \tag{6-2}$$

式中　T——拉伸强度最高值对应的时间，min；

　　　S——压缩变形率最低值对应的时间，min；

　　　M——定伸应力最高值对应的时间，min；

H——硬度最高值对应的时间，min。

由此确定的正硫化时间为工艺正硫化时间，它具有综合平衡的意义。

用力学性能法测定正硫化时间要比物理-化学法简单而实用，但仍具有手续麻烦、时间长、精度差、重现性低等缺点。

（3）专用仪器法 用于专门测定胶料硫化特性的测试仪器有穆尼黏度计和各类硫化仪等。它们都能连续地测定硫化全过程的各种参数，如初始黏度、焦烧时间、硫化速率、正硫化时间（穆尼黏度计不能直接测得正硫化时间）等。

这类仪器的作用原理是测量胶料在硫化过程中剪切模量的变化，而剪切模量与交联密度成正比。因此，可通过剪切模量的变化反映胶料在硫化过程中交联程度的变化。

① 穆尼黏度法是早期出现的测试胶料硫化特性的方法。由穆尼黏度计测得的胶料硫化曲线称为穆尼硫化曲线，如图 6-5 所示。

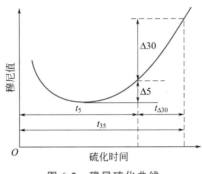

图 6-5　穆尼硫化曲线

由图 6-5 可见，随着硫化时间的增长，胶料的穆尼黏度值先下降至最低点后又恢复上升。一般由最低点上升 5 个穆尼值（用 Δ5 表示）时所对应的时间称为穆尼焦烧时间（t_5）。从最低点上升至 35 个穆尼值（用 Δ5＋Δ30 表示）时所对应的时间称为穆尼硫化时间（t_{35}）。$t_{\Delta30}$ 则表示穆尼硫化时间与穆尼焦烧时间之差。单位时间（min）内的黏度上升值则称为穆尼硫化速率。

穆尼黏度计不能直接测出正硫化时间，但可以通过下列经验公式来推算：

$$正硫化时间＝t_5＋10(t_{35}－t_5) \tag{6-3}$$

② 硫化仪法所用的硫化仪是测试橡胶硫化特性的专用仪器。其种类很多，但根据作用原理分类：第一类是在硫化中对胶料施加一定振幅的力，测得相应的变形量。第二类是在硫化中对胶料施加一定振幅的剪切变形，测出相应的剪切模量，称为振动硫化仪，我国制造的 LH-Ⅰ 型和 LH-Ⅱ 型硫化仪均属第二类。

由硫化仪测得的胶料硫化历程曲线如图 6-6 所示。从硫化曲线中可以获得各种硫化参数，通常可以取五个特性数值，即最大转矩 M_m、最小转矩 M_1、起始转矩 M_0、焦烧时间和正硫化时间。

由于硫化仪的转矩读数反映了胶料的剪切模量，而剪切模量又是与交联密度成正比的，所以硫化仪测得的转矩变化规律是与交联密度的转矩变化规律相一致的。因此，最大转矩 M_m 可代表最大交联密度；最大转矩所对应的时间 t_m 为理论正硫化时间；起始转矩 M_0 可代表胶料的初始黏度；最小转矩 M_1 可代表胶料最低黏度；t_1 为胶料达到最低黏度所对应的

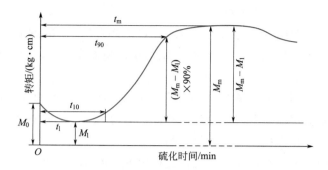

图 6-6　硫化历程曲线

M_0—起始转矩（反映胶料的初始黏度）；M_1—最小转矩（反映胶料在一定

温度下的流动性）；M_m—最大转矩（反映硫化胶的最大交联度）；t_1—达到最低

黏度对应的时间；t_m—达到最大转矩对应的时间；t_{10}—转矩达到

$[M_1+(M_m-M_1)\times10\%]$ 所需的时间（焦烧时间）；

t_{90}—转矩达到 $[M_1+(M_m-M_1)\times90\%]$

所需的时间（工艺正硫化时间）

时间。对焦烧时间和正硫化时间的确定标准，世界各国至今尚未统一。我国采用转矩达到 $M_1+(M_m-M_1)\times10\%$ 所对应的时间 t_{10} 为焦烧时间；转矩达到 $M_1+(M_m-M_1)\times90\%$ 所对应的时间 t_{90} 为工艺正硫化时间；$t_{90}-t_{10}$ 可代表胶料的硫化速率。

对于合成橡胶胶料，当其硫化曲线出现不收口现象时，由于不能获得最大转矩 M_m，因此也就无法确定焦烧时间 t_{10} 和工艺正硫化时间 t_{90}。此时，可用提高试验温度的方法使硫化曲线收口。如仍无效果时，可由以下方法求出最大转矩的近似值，如图 6-7 所示。

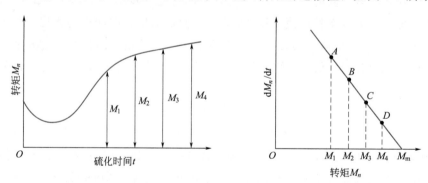

图 6-7　硫化仪最大转矩近似值的求解

最大转矩 M_m 的求解方法是建立在当胶料硫化到达理想终点时，硫化曲线的斜率 dM_n/dt 应该等于零的基础上。为此，可在硫化曲线上取任意四点（或更多），其转矩分别为 M_1、M_2、M_3、M_4，然后分别求出它们的斜率 A、B、C、D。作图连接 A、B、C、D 各点，并延长至 X 轴得到一交点，此点即为所求的最大转矩 M_m，它符合 $\dfrac{dM_n}{dt}=0$ 的条件。

【理论是实践的先导，实践是检验理论的试金石。我们不仅要深入理解橡胶硫化的原理，更要将这些理论知识与实际生产过程紧密结合，每一次工艺的改进和创新，都离不开对基础理论的深刻理解和应用。我们要提升自身的实践精神和问题解决能力，主动应对实际生产中的挑战。】

任务 20 硫化工艺条件确定

硫化工艺条件是指决定橡胶硫化质量的三个重要因素，即硫化温度、压力和时间。通常习惯称它们为"硫化三要素"。

20.1 硫化温度

和其他化学反应一样，橡胶的硫化反应依赖于温度。硫化温度是橡胶发生硫化反应的基本条件，它直接影响硫化速率和产品质量。硫化温度高，硫化速率快，生产效率高，并易于生成较多的低硫交联键；反之，硫化温度低，硫化速率慢，生产效率低，并易于生成较多的多硫交联键。通常，硫化温度的选择应根据制品的类型、胶种及硫化体系等几个方面进行综合考虑。

微课扫一扫

硫化温度如何选择

20.1.1 制品类型

橡胶是一种热的不良导体，其导热性较金属低几个数量级。所以，在硫化过程中，胶料受热升温慢，尤其难以使厚制品胶料内外温度均匀一致，而造成制品内部处于欠硫或恰好正硫时，表面已经过硫。而且硫化温度越高，过硫程度越大。因此，为保证多部件制品及厚壁制品的均匀硫化，除需在配方设计时充分考虑胶料的硫化平坦性外，在硫化温度的选择上也应考虑硫化温度低一些或采取逐步升温的方法。而对结构简单的薄壁制品，硫化温度可高一些。通常厚壁制品的硫化温度以不高于 140～150℃为宜，而薄壁制品的硫化温度可掌握在160℃以下。例如，同样的丁腈橡胶模压制品，壁厚为 20～25mm 的胶辊硫化温度选择在126℃左右，而只有几毫米厚的密封圈的硫化温度则选择在 158℃左右。

硫化过程中，生胶与硫黄的化学反应是一个放热反应过程。实验表明，184℃下硫化时，含 4 份硫黄的胶料其反应热为 41.87J/g。这种生成热随结合硫黄的增加而增大，当硫黄用量为 32 份时，可生成 1851J/g 的热量。在软质胶中，因硫黄用量少、热效应较小，对硫化影响不大。但在硫黄用量很高的硬质胶中，热效应则较大，又因橡胶导热性差而难以使大量的生成热传递扩散，造成体系内部生热高，从而发生助剂挥发、橡胶裂解等现象，使制品产生气泡，甚至爆炸。所以硬质橡胶制品一般都采用 134℃以下的硫化温度，以减缓反应热的生成速度，并有助于散热，使体系内部温升降低，从而保证硫化工艺的安全、顺利进行。

橡胶制品中常有一些纺织纤维材料的复合部件，如轮胎的帘线骨架、胶鞋的帆布鞋帮等。由于纺织纤维材料的耐热性能较差，温度过高会使其发硬发脆，甚至断链破坏，如一般棉纺织物在240℃条件下，连续加热 4h，就会被完全破坏。因此，凡含纺织纤维材料复合部件的制品及胶布制品，硫化温度都不应高于 130～140℃。

对于橡胶空心及海绵制品，应考虑到硫化的同时，还伴随有发泡反应。不同的发泡体系有不同的适宜发泡温度，要求硫化温度与发泡温度相适应（以硫化温度稍高于发泡剂分解温度为宜），否则将导致发泡反应不能顺利进行，海绵起发率过低或过高。例如，以小苏打为胶鞋海绵中底的发泡剂、无发泡助剂时的分解温度为 150℃，因此要求硫化温度稍高于150℃，才能保证发泡与硫化同时顺利地进行。

20.1.2 生胶种类

橡胶为有机高分子材料，高温易引起橡胶分子链的裂解破坏，乃至发生交联键的断裂（即硫化返原现象），而导致硫化胶的强伸性能下降。其中天然橡胶和氯丁橡胶最为显著。综合考虑橡胶的耐热性和硫化返原现象，各种橡胶的适宜硫化温度范围一般为：天然橡胶最好在143℃以下，最高不能超过160℃，否则硫化返原现象会十分严重；顺丁橡胶、异戊橡胶和氯丁橡胶最好在151℃以下，最高不能超过170℃，丁苯橡胶、丁腈橡胶可采用150℃以上，最高不超过190℃，丁基橡胶和三元乙丙橡胶可采用160~180℃、最高不超过200℃，硅橡胶和氟橡胶可采用200℃、220℃高温长时间二次硫化。近年来，随着通用橡胶新型硫化体系的研究，可以使通用橡胶在更高的温度（170~180℃或以上）下快速硫化，而不产生硫化返原现象。

20.1.3 配方中硫化体系的类型

不同的硫化体系具有不同的硫化特性，有的所需活化温度高，有的所需活化温度低，因此，也需要根据配方中的硫化体系相应地选择适宜的硫化温度。通常，普通硫黄硫化体系温度大体在130~158℃，具体可根据所选促进剂的活性温度和制品的力学性能指标来确定。当促进剂的活性温度较低或制品要求高强伸性、较低的定伸应力和硬度时，硫化温度可低些（有利生成较高比例的多硫交联键）；当促进剂的活性温度较高或制品要求高定伸应力和硬度、低伸长率时，硫化温度宜高些（有利生成较高比例的低硫交联键）。而有效、半有效硫化体系的硫化温度一般掌握在160~165℃，过氧化物及树脂等非硫硫化体系的硫化温度以170~180℃为宜。

总之，影响硫化温度的因素很多，除上述讨论的主要影响因素外，有时还有一些特殊情况。

例如，采用盐浴硫化方法时，其硫化温度必须在金属盐的熔点（142℃）以上，而金属盐的沸点（500℃）则限制硫化温度的最高选择界限。又如，配方中含有某些低沸点配合剂时，则硫化温度要低于这些配合剂的沸点，否则，将会造成配合剂的气化逸出使制品起鼓或呈海绵状。再如，对橡塑并用的制品，硫化温度必须高于所用树脂的软化点，以使并用胶料在硫化温度下具有良好的流动性和充模性，从而获得符合结构需求和外观轮廓清晰、饱满的模制品。

实际生产中不能无限地提高硫化温度，硫化温度过高引起橡胶分子链的裂解和发生硫化返原，导致力学性能下降；使橡胶制品中纺织物强度下降；导致胶料焦烧时间缩短，减少流动充模时间，易造成局部缺胶；增加厚制品内外温差，造成硫化程度不一致。

20.2 硫化压力

硫化压力是指硫化过程中橡胶制品单位面积上所受压力的大小。除了胶布等薄壁制品以外，其他橡胶制品在硫化时均需施加一定的压力。硫化的压力作用主要有以下几点。

微课扫一扫

硫化压力的确定

① 防止制品在硫化过程中产生气泡，提高胶料的致密性。硫化时，胶料中包含的水分和其他易挥发物质，以及硫化反应中可能形成的硫化氢气体，均会在高温下挥发逸出而使胶料产生气泡。若硫化时施加大于胶料可能产生逸出内压力的硫化压力，则可防止气泡的产生，并可提高胶料的致密性。若只防止产生气泡，也可在胶料中加入石膏、氧化钙等吸水剂，以实现常压硫化。

② 使胶料易于流动和充满模腔。为制得花纹清晰、饱满的制品，必须使胶料能够流动和充满模腔。特别是胶料处于未交联状态的硫化诱导期内，硫化压力的作用更为明显。实验表明，模压橡胶制品，若硫化温度为 $100\sim140℃$ 时，则硫化压力应为 $20\sim50MPa$，若硫化温度为 $40\sim50℃$（如注压充模定型）时，则硫化压力应为 $49\sim78.4MPa$，才能保证胶料良好流动，充满模腔。

③ 提高胶料与布层的密着力。硫化时，随着硫化压力的增加，橡胶透入布层的深度增大，从而可提高橡胶与布层的密着力以及制品的耐曲挠性能。实验表明，天然橡胶汽车外胎硫化时，随着水胎内压力的增加，外胎内层帘布的耐曲挠性能也随之增加，如表 6-1 所示。

表 6-1　硫化压力与帘布层耐曲挠性能的关系

硫化压力/MPa	帘布层曲挠到破坏的次数/次	硫化压力/MPa	帘布层曲挠到破坏的次数/次
0.35	3500～4500	2.2	90000～95000
1.6	46500～47000	2.5	80000～82000

④ 有助于硫化胶力学性能的提高。实验表明，用 50MPa 的压力硫化外胎，其耐磨性能要比在一般压力（2MPa）下硫化的外胎高 $10\%\sim20\%$，这是因为提高硫化压力可使硫化胶致密性增加的结果。但是，过高的硫化压力对橡胶的性能也会不利，这是因为高压如同高温一样，会加速橡胶分子的热降解作用，此外，高压下，纺织材料的结构也会受到破坏，而导致耐曲挠性能下降。

通常，硫化压力的选取应根据胶料配方、可塑性及产品结构等决定。一般的原则是，胶料塑性大，压力宜小；产品厚，层数多，结构复杂，压力宜大；制品薄，压力宜低，甚至可用常压。几种硫化工艺所采用的硫化压力如表 6-2 所示。

表 6-2　几种硫化工艺所采用的硫化压力

硫化工艺	加压方式	压力/MPa
注压硫化	注压机加压	117.7～147.1
汽车外胎硫化	外胎加压（胶囊硫化）	2.2～2.5
	外模加压	14.7
模型制品硫化	平板加压（通过模具）	2.0～3.9
运输带硫化	平板加压	1.5～2.5
传动带硫化	平板加压	0.9～1.6
汽车内胎蒸汽硫化	蒸汽加压	0.5～0.7
胶管直接蒸汽硫化	蒸汽加压	0.3～0.5
胶鞋硫化	热空气加压	0.2～0.4
胶布直接蒸汽硫化	蒸汽加压	0.1～0.3
胶布连续硫化		常压

硫化加压的方式有，用液压泵通过平板硫化机把压力传递给模型，再由模型传递给胶料，称平板加压；由硫化介质直接加压，如蒸汽加压；以压缩空气加压，即热空气加压；由个体硫化机加压及注压机加压等。

20.3　硫化时间

和其他许多化学反应一样，硫化反应的进行还依赖于时间。在一定的硫化温度和压力的作用下，只有经过一定的硫化时间才能达到符合设计要求的硫化程度。

20.3.1 硫化时间的一般确定方法

通常，制品的硫化时间应在胶料达到正硫化的范围内，根据制品的性能要求进行选取，并且还要根据制品的厚度和布层骨架的存在进行调整。其确定程序如下所述。

（1）确定半成品的正硫化时间　当硫化温度确定后，可按常规的力学性能法或硫化仪法确定半成品（试片）胶料的正硫化时间。

（2）确定成品硫化时间　根据试片的正硫化时间确定成品硫化时间。

微课扫一扫

硫化时间如何调整

① 若成品厚度在 6mm 或以下，于硫化工艺条件下可认为是均匀受热的。其硫化时间与试片正硫化时间相同。

② 若成品厚度大于 6mm 时，每增加 1mm 厚度，硫化时间应滞后 1min（经验）。如某成品厚度为 22mm，试片正硫化条件为 142℃×10min，在 142℃硫化温度下，成品的硫化时间应等于 10+(22−6)×1=26(min)。

③ 如制品内含有布层骨架，还要另加滞后时间。应先按下式将布层厚度换算成相当胶层厚度的当量厚度：

$$\frac{h_1}{h_2} = \sqrt{\frac{\alpha_1}{\alpha_2}} \tag{6-4}$$

$$h_1 = h_2\sqrt{\frac{\alpha_1}{\alpha_2}}$$

式中　h_1——布层相当于胶层的当量厚度，cm；

h_2——布层实际厚度，cm；

α_1——胶层的热扩散系数，cm^2/s；

α_2——布层的热扩散系数，cm^2/s。

求出布层的当量厚度后，即可求出制品的总计算厚度 $h_{总}$。

$$h_{总} = 制品的胶层厚度 + 布层当量厚度$$

最后，根据制品总计算厚度，求出滞后时间和制品的硫化时间。

例 1：制品的结构如图 6-8 所示，其胶料试片的正硫化时间为 142℃×8min，已知胶层的热扩散系数为 $1.32×10^{-3}\,cm^2/s$，布层的扩散系数为 $1.04×10^{-3}\,cm^2/s$，求制品在 147℃下的硫化时间。

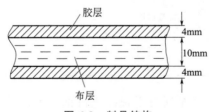

图 6-8　制品结构

解：先求出布层的当量厚度：

$$h_1 = h_2\sqrt{\frac{\alpha_1}{\alpha_2}} = 1 \times \sqrt{\frac{1.32×10^{-3}}{1.04×10^{-3}}} = 1.13(cm) = 11.3mm$$

制品总计算厚度为：

$$h_{总}=4\times2+11.3=19.3(mm)$$

成品的正硫化时间应为 $8+(19.3-6)\times1=21.3(min)$

例2：今有自行车外胎，半成品的正硫化条件为 $155℃\times8min$，胎冠部位厚 $2mm$，贴胶帘布每层厚 $1.25mm$，共两层制成，已知胶料的热扩散系数为 $1.27\times10^{-3}cm^2/s$，布层的热扩散系数为 $1.143\times10^{-3}cm^2/s$，求成品在 $155℃$ 下的正硫化时间。

解：求布层的当量厚度：

$$h_1=h_2\sqrt{\frac{\alpha_1}{\alpha_2}}=(1.25\times2\times0.1)\times\sqrt{\frac{1.27\times10^{-3}}{1.143\times10^{-3}}}=0.25\times\sqrt{1.1}=0.264(cm)=2.64mm$$

则 $h_{总}=2+2.64=4.64(mm)$

所以成品的正硫化时间应为 $8+0=8(min)$

20.3.2　硫化时间的调整

硫化时间是受硫化温度制约的。当硫化温度改变时，硫化时间必须做相应的调整。通常，可用范托夫方程式计算出不同温度下的等效硫化时间。所谓等效硫化时间，是指在不同的硫化温度下，经硫化获得相同的硫化程度所需要的时间。

$$\frac{\tau_1}{\tau_2}=K^{\frac{t_2-t_1}{10}} \tag{6-5}$$

式中　τ_1——温度在 t_1 时的硫化时间，min；

　　　τ_2——温度在 t_2 时的硫化时间，min；

　　　K——硫化温度系数（通常取 $K=2$）。

硫化温度系数的意义是，橡胶在特定的硫化温度下获得一定性能的硫化时间与温度相差 $10℃$ 时获得同样性能所需的硫化时间之比。硫化温度系数随胶料的配方和硫化温度而变化。一般，配方中的生胶和硫化体系的硫化活性越大，硫化温度越高时，K 值越大。通常 K 值在 $1.8\sim2.5$ 之间变化，可通过实验确定。凡是用于测定正硫化的方法都可用来测定 K 值。其中最方便而又准确的方法是采用硫化仪分别测出胶料在 t_1 和 t_2 温度下（一般取 t_1、t_2 相差为 $10℃$）相对应的正硫化时间 τ_1 和 τ_2，然后代入范托夫方程式即可计算出实际胶料的 K 值。

例如，用硫化仪测得某种胶料在 $140℃$ 下的正硫化时间为 $20min$，在 $150℃$ 下的正硫化时间为 $9min$，则 K 值为：

$$\frac{\tau_1}{\tau_2}=K^{\frac{t_2-t_1}{10}}=K^{\frac{150-140}{10}}=K$$

所以

$$K=\frac{20}{9}=2.2$$

例3：某制品正硫化条件为 $148℃\times10min$，$K=2$，问硫化温度改为 $153℃$、$158℃$、$138℃$ 时其等效硫化时间应分别是多少？

解：① 当 $t_2=153℃$ 时

$$\tau_2=\frac{\tau_1}{K^{\frac{t_2-t_1}{10}}}=\frac{10}{2^{\frac{153-148}{10}}}=\frac{10}{2^{1/2}}=7.1(mm)$$

② 当 $t_2=158℃$ 时

$$\tau_2=\frac{10}{2^{\frac{158-148}{10}}}=\frac{10}{2}=5(min)$$

③ 当 $t_2 = 138℃$ 时

$$\tau_2 = \frac{10}{2^{\frac{138-148}{10}}} = \frac{10}{2^{-1}} = 20(\text{min})$$

20.3.3 硫化效应及厚制品等效硫化时间的确定

（1）硫化效应　硫化效应是衡量胶料硫化程度深浅的尺度。硫化效应大，说明胶料硫化程度深；硫化效应小，说明胶料硫化程度浅。它等于硫化强度与硫化时间的乘积。

$$E = I\tau \tag{6-6}$$

式中　E——硫化效应；

I——硫化强度；

τ——硫化时间，min。

硫化强度是指胶料在一定的温度下，单位时间所达到的硫化程度或胶料在一定温度下的硫化速率。硫化强度大，说明硫化反应速率快，达到同一硫化程度所需硫化时间短；硫化强度小，说明硫化反应速率慢，达到同一硫化程度所需时间长。硫化强度取决于胶料的硫化温度系数和硫化温度。

$$I = K^{\frac{t-100}{10}} \tag{6-7}$$

式中　t——胶料硫化温度；

K——硫化温度系数。

同种胶料可在不同的硫化温度下硫化，但必须达到相同的硫化程度，即 $E_1 = E_2$，或 $K^{\frac{t-100}{10}}$，利用上述公式，可根据一个已知的硫化条件，计算出任意未知硫化条件。

例4： 某胶料的硫化温度系数为2.17，当141℃时正硫化时间为68min，求135℃下的硫化时间。

解： 设硫化温度为141℃时的硫化效应为 E_1，硫化温度为135℃时的硫化效应为 E_2。

令 $E_1 = E_2$

即 $K^{\frac{t_1-100}{10}} \times \tau_1 = K^{\frac{t_2-100}{10}} \times \tau_2$

$$2.17^{\frac{141-100}{10}} \times 68 = 2.17^{\frac{135-100}{10}} \times \tau_2$$

$$\tau_2 = \frac{2.17^{4.1} \times 68}{2.17^{3.5}} = 2.17^{0.6} \times 68 = 108.2(\text{min})$$

例5： 某制品原硫化条件为140℃×60min，在140℃下硫化20min后，因气压不足，温度只能达到130℃，问硫化时间应如何调整？（$K=2$）

解： 设原硫化条件下的硫化效应为 $E_原$，140℃时的硫化效应为 E_1，130℃时的硫化效应为 E_2。

则 $E_原 = E_1 + E_2$

即 $2^{\frac{140-100}{10}} \times 60 = 2^{\frac{140-100}{10}} \times 20 + 2^{\frac{130-100}{10}} \times \tau_2$

$$2^3 \times \tau_2 = 2^4 \times 60 - 2^4 \times 20$$

$$8\tau_2 = 960 - 320 = 640 \quad \tau_2 = 80(\text{min})$$

在130℃下再硫化80min即可。

例6：一胶轴制品，正硫化条件为 $140℃\times 240min$，因一次硫化易出现质量问题，故改为逐步升温硫化。第一段为 $120℃\times 120min$，第二段为 $130℃\times 120min$，第三段达到 $140℃$，问需要多长时间才能达到原有的硫化程度？（$K=2$）

解：设 $140℃\times 240min$ 硫化条件下的硫化效应为 $E_原$、一段硫化的硫化效应为 E_1、二段硫化的硫化效应为 E_2、三段硫化的硫化效应为 E_3。

则 $E_原=E_1+E_2+E_3$

$$K^{\frac{t_原-100}{10}}\times\tau_原=K^{\frac{t_1-100}{10}}\times\tau_1+K^{\frac{t_2-100}{10}}\times\tau_2+K^{\frac{t_3-100}{10}}\times\tau_3$$

$$2^{\frac{140-100}{10}}\times\tau_3=2^{\frac{140-100}{10}}\times240-2^{\frac{120-100}{10}}\times120-2^{\frac{130-100}{10}}\times120$$

$$16\tau_3=3840-480-960=2400 \quad \tau_3=150(min)$$

由于每一胶料达到正硫化后都有一硫化平坦范围，因此在改变硫化条件时，只要把改变后的硫化效应控制在原来硫化条件的最小硫化效应 E_{min} 和最大硫化效应 E_{max} 之内，即 $E_{min}<E<E_{max}$，制品的力学性能就可与原硫化条件的相近。

例7：某制品的胶料试片的硫化平坦范围为 $130℃\times(20\sim120)min$，若成品的硫化条件为 $150℃\times10min$，是否合理？（$K=2$）

解：先求出 E_{max} 和 E_{min}

$$E_{min}=2^{\frac{130-100}{10}}\times20=160$$

$$E_{max}=2^{\frac{130-100}{10}}\times120=960$$

再求出 $E_{成品}$

$$E_{成品}=2^{\frac{150-100}{10}}\times10=320$$

因为 $E_{min}<E_{成品}<E_{max}$

所以成品所取硫化条件是合理的。

例8：某胶料试片硫化平坦范围为 $150℃\times(8\sim15)min$，问成品在 $140℃$ 下硫化时，平坦范围应多长？（$K=2$）

解：先求出试片的 E_{min} 和 E_{max}

$$E_{min}=2^{\frac{150-100}{10}}\times8=256$$

$$E_{max}=2^{\frac{150-100}{10}}\times15=480$$

成品 E 值应与试片相同。

即 $E_{min成}=2^{\frac{140-100}{10}}\times\tau_{min成}=256$

$$\tau_{min成}=\frac{256}{2^4}=16(min)$$

$$\tau_{max成}=2^{\frac{140-100}{10}}\times\tau_{max成}=480$$

$$\tau_{max成}=\frac{480}{2^4}=30(min)$$

成品的硫化平坦范围为 $140℃\times(16\sim30)min$。

（2）厚制品等效硫化时间的确定　由于橡胶是一种热的不良导体，因而厚制品在硫化时各部位或各部件的温度是不相同的（即使是同一部位或同一部件在不同的硫化时间内温度也是不同的），在相同的硫化时间内所取得的硫化效应也是不同的。并且，随着制品厚度的增加这种现象越为明显。为了正确确定厚制品的硫化工艺条件和各层胶件的胶料配方，往往需要首先拟定一个硫化工艺条件，然后将厚制品于该硫化工艺条件下进行硫化。同时，测出各胶层温度随硫化时间的变化情况，计算出各胶层的硫化效应，再将其分别与各胶层胶料试片在硫化仪上测出的达到正硫化的允许硫化效应相比较，如果各胶层的实际硫化效应都在允许的范围之内，即可认为拟定的硫化工艺条件是适宜的。否则，要对硫化工艺条件或各胶层胶料配方作调整。具体可分如下三步：

① 于硫化仪上测定构成厚制品各胶层的不同配方胶料试片的正硫化条件及硫化平坦范围，计算出硫化温度系数 K 及可允许的最小硫化效应 E_{min} 和最大硫化效应 E_{max}。

② 根据厚制品各层胶料的配方的特性以及长期积累的实践经验，拟定厚制品的一个初步硫化工艺条件，并将制品于该硫化工艺条件下进行硫化。

③ 制订制品在硫化过程中各层温度的变化情况，再计算出各层的硫化效应。

各层温度的测量一般可用热电偶直接测得，但热电偶必须在制品成型时就埋入指定的位置。测温时从制品加热时开始，间隔一段时间（通常为 5min）测量一次，连续测量至硫化结束。

如果将温度与时间作图，可得到如图 6-9 的曲线，这条曲线表明了制品各层的温度是随硫化时间变化而变化的。

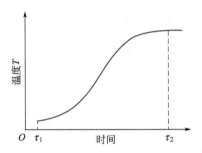

图 6-9　由热电偶测得的制品内层温度-时间曲线

根据图 6-9 的温度-时间曲线，通过计算还可以得到硫化强度-硫化时间曲线，如图 6-10所示。图中曲线所包围的面积（阴影部分）即为硫化效应。如用积分式表示，则为：

$$E = \int_{\tau_1}^{\tau_2} I \, d\tau \tag{6-8}$$

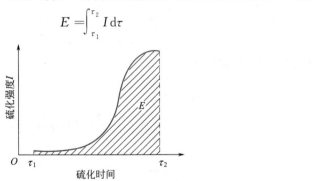

图 6-10　硫化强度和硫化时间的关系

上述积分式可化为近似值来计算：

$$E = \Delta\tau \left(\frac{I_0 + I_n}{2} + I_1 + I_2 + I_3 + \cdots + I_{n-1} \right)$$

式中 $\Delta\tau$——测温的间隔时间，min；

$\quad\quad\quad I_0$——硫化初始温度下的相应硫化强度；

I_1，…，I_n——第一个读数的时间间隔到第 n 个读数的时间间隔温度下的相应硫化程度。

④ 分别比较各胶层的硫化强度 E 与各胶层胶料的最小硫化效应 E_{min} 和最大硫化效应 E_{max}，如所有胶层都符合 $E_{min}<E<E_{max}$，则硫化工艺条件拟定是正确的。否则应该提出改进措施。如果所有胶层的硫化效应都同时偏小或偏大，则可以提高硫化温度，延长硫化时间或降低硫化温度，缩短硫化时间。如果个别胶层不符合要求，或有的偏大，有的偏小，则要从配方和硫化条件两方面着手改进。

例9：某外胎缓冲胶层，其胶料硫化温度系数为2，在实验室条件下的正硫化条件为 $140℃\times24min$，硫化平坦范围为 $24\sim100min$。在实际生产中，硫化时间为 $70min$，现测出其温度变化如下，判断是否达到了正硫化？

硫化时间/min	0	5	10	15	20	25	30	35
胶层温度/℃	30	40	80	100	110	113	120	124
硫化时间/min	40	45	50	55	60	65	70	
胶层温度/℃	127	131	133	137	138	140	141	

解：① 计算各温度下的硫化强度 I_i：

利用公式 $I=K^{\frac{t-100}{10}}$，分别计算 I_i，其结果如下：

I_i	I_0	I_1	I_2	I_3	I_4	I_5	I_6	I_7
温度	30	40	80	100	110	113	120	124
硫化强度	0.0078	0.0156	0.2500	1.0000	2.0000	2.4623	4.0000	5.2780

I_i	I_8	I_9	I_{10}	I_{11}	I_{12}	I_{13}	I_{14}
温度	127	131	133	137	138	140	141
硫化强度	6.4980	8.5742	9.8492	12.9960	13.9288	16.0000	17.1484

② 求出硫化效应 E：

$$E=\Delta\tau\left(\frac{I_0+I_{14}}{2}+I_1+I_2+I_3+I_4+I_5+I_6+I_7+I_8+I_9+I_{10}+I_{11}+I_{12}+I_{13}\right)$$

$$=5\times\left(\frac{0.0078+17.1484}{2}+0.0156+0.2500+1.0000+2.0000+2.4623+4.0000+5.2780+6.4980+\right.$$

$$\left.8.5742+9.8492+12.9960+13.9288+16.0000\right)$$

$$=457.15$$

③ 计算允许硫化效应的极限值 E_{max}、E_{min}。

$$I_{140}=K^{\frac{140-100}{10}}=16$$

$$E_{max}=I_{140}\times\tau_{max}=16\times100=1600$$

$$E_{min}=I_{140}\times\tau_{min}=16\times24=384$$

因为 $E_{min}\leqslant E\leqslant E_{max}$，故缓冲层达到正硫化。

例10：通过测温得知轮胎缓冲胶层硫化条件如下，问缓冲胶层胶料在实验室硫化试片时采用 $130℃\times20min$，是否符合成品的硫化程度？应作如何调整？（$K=2$）

硫化时间/min	0	5	10	15	20	25	30	35	40	45	50
胶层温度/℃	30	40	50	70	90	110	130	140	140	140	140

解：① 先求出各温度下的硫化强度 I_i，利用公式 $I_i = K^{\frac{t_i - 100}{10}}$，所得结果如下：

I_i	I_{30}	I_{40}	I_{50}	I_{70}	I_{90}	I_{110}	I_{130}	I_{140}	I_{140}	I_{140}	I_{140}
计算结果	0.0078	0.0156	0.03125	0.125	0.5	2	8	16	16	16	16

② 求缓冲层胶料的硫化效应 E：

$$E_{h缓} = \Delta\tau \times \left(\frac{I_0 + I_n}{2} + I_1 + I_2 + I_3 + \cdots + I_{n-1} \right)$$

$$= 5 \times \left(\frac{0.0078 + 16}{2} + 0.0156 + 0.03125 + 0.125 + 0.5 + 2 + 8 + 16 \times 3 \right)$$

$$= 333.4$$

③ 求与成品硫化效应相同的试片等效硫化时间：

令 $E_{缓} = E_{试}$

则 $333.4 = 2^{\frac{130-100}{10}} \times \tau$

$$\tau = \frac{333.4}{2^3} = 41.7 (\text{min})$$

从试片的等效硫化时间远大于试片的实际硫化时间看，试片的硫化条件必须进行调整。调整方法有：

① 延长硫化时间至 41.7min（130℃下）；

② 提高硫化温度：

$$333.4 = 2^{\frac{t-100}{10}} \times 20$$

$$2^{\frac{t-100}{10}} = \frac{333.4}{20} = 16.7$$

$$2^{\frac{t}{10}} = 16.7 \times 2^{10} = 17100.8$$

$$\lg 2^{\frac{t}{10}} = \lg 17100.8$$

$$\frac{t}{10} = \frac{\lg 17100.8}{\lg 2} = \frac{4.2330}{0.3010} = 14.06$$

$$t = 140.6 (\text{℃})$$

若硫化时间不变，硫化温度可提高至 140.6℃。

【橡胶需经历高温高压的锤炼才能成就其坚韧与弹性，人的成长同样需要经历挑战与磨砺。我们要在知识的海洋中不断求索，在实践的熔炉中锻造自我，以坚韧不拔的意志和勇于创新的精神，成就个人价值，为社会贡献力量。】

任务 21　硫化介质和硫化工艺方法选择

21.1　硫化介质

多数情况下，橡胶的硫化都是在加热条件下进行的，对胶料加热，就需要一种能传递热能的物质，这种物质称为硫化介质。作为优良的硫化介质的条件是：①具有优良的导热性和传热性；②具有较高的蓄热能力；③具有比较宽的温度范围；④对橡胶制品及硫化设备无污染性和腐蚀性。硫化介质的种类很多，常见的有：饱和蒸汽、过热水、热空气、热水、过热蒸汽、熔融盐、固体微粒、红外线、远红外线、γ射线等。

微课扫一扫

硫化介质的选用

21.1.1 饱和蒸汽

饱和蒸汽是一种应用最为广泛的高效能硫化介质。饱和蒸汽的热量主要来源于汽化潜热。所以无需温度发生变化，就能放出大量能量。其蓄能大（150℃时的汽化潜热达2118.5kJ/kg），给热系数大［150℃时为1200～1770W/(m²·K)］，并可以通过改变压力而准确地调节加热温度，操作方便，成本低廉。但所加热的温度要受压力的限制，要想得到较高的温度，就必须具有较高的蒸汽压力。这对于那些相对地要求高温低压或高压低温的硫化工艺条件就难以实行。另外，由于容易产生冷凝水，造成局部低温，并对制品外观产生不利影响，使表面发污和产生水渍，这就限制了它在某些方面（如涂有亮油的胶面胶鞋硫化）的使用。

21.1.2 过热水

过热水也是常用的一种硫化介质。主要是靠温度的降低来供热，其密度大（150℃时，为917kg/m³），比热容大［150℃时，为4312J/(kg·K)］，热导率大［150℃时，为0.684W/(m·K)］，给热系数大［150℃时，为293～17560W/(m²·K)］。采用过热水硫化可赋予制品以很高的硫化压力，适用于高压硫化。如轮胎外胎硫化时，将过热水充满水胎中，以保持内温在160～170℃，内压在2.2～2.7MPa范围内。

其主要缺点是，传热是通过降温实现的，因此硫化温度不易控制均匀。为保证恒温，要用过热水专用泵强制循环。此外，过热水在一些场合下，不宜与硫化制品直接接触。

21.1.3 热空气

热空气与过热水一样，也是靠温度的降低来传热的，因而于硫化过程中也需要以风机强制使其循环，以防止硫化介质温度的降低。热空气是一种低效能的硫化介质，其比热容小［150℃时，为1026J/(kg·K)］，密度小（150℃时，为0.835kg/m³），热导率小［150℃时，为3.55×10⁻²W/(m·K)］，传热系数小［150℃时，为0.12～48W/(m²·K)］。其主要特点是加热温度不受压力的影响，可以是高温低压，也可以是低温高压。另外，热空气比较干燥，不含水分，对制品的表面质量无不良影响，制品表面光亮。

但是，热空气中因含有氧气，易使制品氧化，于高温高压下尤为明显。

21.1.4 固体熔融液

固体熔融液是指低熔点的共熔金属和共熔盐的熔融液。共熔金属常用铋、锡合金（锡42%、铋58%），熔点为150℃；共熔盐常用53% KNO_3、40% $NaNO_2$、7% $NaNO_3$ 混合而成，熔点为142℃。

固体熔融液常用于连续硫化工艺中，其加热温度高，可达180～250℃，热导率、传热系数高，热量大，是一种十分高效的硫化介质。但是，其密度大，易使制品漂浮表面或者将半成品压扁；又因硫化介质黏于制品表面，硫化后需要进行专门清洗。

21.1.5　氮气硫化

氮气硫化是一种蒸汽/惰性气体的硫化方式，采用190～210℃高压饱和蒸汽充入胶囊，升温后再充入2.1～2.8MPa压力的高纯氮气增压，以达到高温高压的硫化条件。硫化用氮气的纯度要求达99.99%，最好达到99.999%。

与过热水硫化工艺和传统的蒸汽硫化工艺相比，具有节能、没有管道剥蚀现象、设备运转率高、硫化系统压力稳定等优点，对轮胎产品的均匀性、平衡性、耐磨性能和外观质量具有很高的保障作用。纯净的氮气是一种无色、无味的气体，氮气硫化后的废气无有害物质，可直接排入大气，既节省了排污处理费用又保护了环境而且可以回收，重复利用，可谓绿色工艺。

氮气硫化工艺流程如图6-11所示。低压氮气用于定型，高压蒸汽用于加热，高压氮气用于施压。

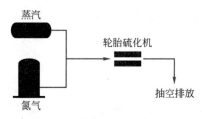

图 6-11　氮气硫化工艺流程

21.2　硫化工艺方法

硫化工艺方法很多，根据硫化温度不同，可分为热硫化工艺和冷硫化工艺，前者是指在加热条件下进行的硫化工艺，后者是指在室温下进行的硫化工艺。根据硫化工艺的连续性与否可分为间歇式硫化工艺和连续式硫化工艺。而间歇式热硫化工艺又可根据硫化设备的不同分为如下类型。

微课扫一扫

硫化工艺方法简介

21.2.1　硫化罐硫化工艺

硫化罐硫化工艺属于间歇式热硫化工艺的范畴。其借助的硫化设备为硫化罐。该工艺最广泛应用的硫化介质为饱和蒸汽。此外，热空气或热空气-饱和蒸汽混合硫化介质也很常见。

在一些场合下也可用热水、过热水、氮气或其他惰性气体等硫化介质进行硫化。

硫化罐硫化过程主要包括装罐及关闭罐盖，升高罐内的温度和压力，在规定的温度、压力和时间下硫化制品，降低罐内温度和压力，打开罐盖和卸罐等几个操作程序。

根据硫化介质的不同，硫化罐硫化工艺又有如下几种主要硫化方法。

（1）直接饱和蒸汽硫化法　该法是将饱和蒸汽直接通入硫化罐中，接触橡胶制品或模具，而进行制品的热硫化。硫化前需将罐内空气完全排除，否则，蒸汽若与空气混合，会使罐内压力升高而改变饱和蒸汽的温度。此外，罐内空气也会增加冷凝水的生成，冷凝水会从较凉的制品表面透入其内部，使制品产生气泡、起鼓或分层。排除空气的做法是利用空气密度大于蒸汽密度这一特点，从罐的上部逐步充入蒸汽，使空气从罐底的支管排出。为消除可能出现的空气滞积区，还需用蒸汽吹洗硫化罐。

由于加热形式的不同，直接蒸汽硫化罐硫化又有开放式硫化、包层硫化、埋粉硫化和模型硫化等几种方法。

① 开放式硫化（裸硫化）法是指对成型好的橡胶半成品不包覆任何外物即送入硫化罐进行硫化，主要适用于那些已经具有符合要求的成品结构（形状和尺寸）、在硫化过程中（至少在正式硫化反应发生之前）具有足够挺性而不会改变形状的橡胶制品的硫化，诸如纯胶管、胶布、力车胎有接头内胎、胶鞋、手套等。

② 包层硫化法是指将成型好的橡胶半成品外表面包覆一层或数层织物帆布、铅层或胶片等后，再送入硫化罐进行硫化。包层的目的在于：a.防止橡胶制品在硫化开始时受热软化而变形；b.对橡胶制品加压，以保证致密性；c.防止硫化介质（蒸汽）与制品表面直接接触，而使其污染、变色等。该法主要适用于胶管、胶辊、印刷胶板、橡胶圈、橡皮线等。如白色橡皮线，为防止硫化时制品边缘出现水渍，需将半成品卷的两头用 150mm 宽的橡皮布包牢扎紧，再用 60mm 宽的小布条缠绕 1～2 层，以保证其外观质量。

③ 埋粉硫化法是将一些较长的薄壁、中空或窄截面的橡胶制品埋在撒有滑石粉的圆盘中进行硫化。埋粉的目的是防止制品在硫化初期由于自身重量的影响而发生变形。而且，还可利用滑石粉吸收硫化过程中生成的冷凝水，使之不与橡胶接触，以保证制品外观。圆盘一般要用金属盖盖好，为使罐中的压力与圆盘中的压力相一致，可在圆盘或圆盘盖上开小孔。

④ 模型硫化法是将待硫化的半成品先装于模型中，用螺栓固定，再放入硫化罐中通入硫化介质进行硫化。这种方法曾用于轮胎和力车胎的硫化，但现在只用于小规格的三角带、风扇带及一些规格较大的模型制品。表 6-3 列出了模型硫化与硫化罐硫化的比较。

表 6-3　模型硫化与硫化罐硫化的比较

硫化方法	传热方法	确保必要压力	形状保持
模型硫化	从模型表面开始的热传导	混炼胶内压	由模型约束
硫化罐直接蒸汽硫化	压力水蒸气（传热好）	加压水蒸气	1. 无约束（裸硫化） 2. 缠卷在鼓上旋转 3. 埋入粉体中 4. 浸入热水中 5. 包铅 6. 由铁芯约束
		包水布（水布加压硫化）	包水布约束
硫化罐间接蒸汽硫化	热空气、加热气体（热辐射）（由浸水的垫布提高导热）	施加可防止橡胶起泡程度的压力	无约束（裸硫化）

（2）热空气硫化法　对于硫化罐实施的热空气硫化法，常常使用饱和蒸汽间接加热，极少有电间接加热硫化的。间接饱和蒸汽硫化所采用的硫化罐均为夹套式硫化罐或带蛇形加热管的硫化罐。硫化时蒸汽不直接接触橡胶制品，而是充入夹套或蛇形管加热空气，再以热空气硫化橡胶制品。热空气硫化法主要适用于外观质量要求高的制品。因为热空气不含水分，硫化出的橡胶制品表观美观，色泽鲜艳，诸如胶鞋、胶靴等民用生活用品等大多用此种硫化方法。

保证加热均匀及制品密实，热空气要以空气压缩机鼓入空气进行鼓动，并具有 0.3MPa 左右的压力。

（3）热空气-蒸汽混合硫化法　单纯用热空气作硫化介质导热性差、蓄能低、硫化效率低，故常改用热空气和饱和蒸汽混合气体作为硫化介质，即在硫化的最初阶段通入热空气使制品定型，在第二阶段再通入饱和蒸汽以加强硫化。如胶鞋的传统硫化工艺常采用此种方法。其硫化温度为 $138\sim143℃$，硫化时间为 $38\sim40min$。前段采用间接蒸汽（热空气）硫化，时间 $24\sim25min$，后段采用直接蒸汽硫化，时间为 $15\sim16min$。

21.2.2　外加压式硫化工艺

硫化罐硫化工艺硫化压力的提供是通过硫化介质的流体内压（或至少可以说是以硫化介质的流体内压为主体）而实现的。在其他许多情况下，还可以用机械加压的方式来提供硫化压力，完成硫化作业。常见的有平板硫化机模压硫化工艺、液压式立式硫化机硫化工艺、个体硫化机硫化工艺、注压硫化工艺等。

（1）平板硫化机模压硫化工艺　为了制造致密而精度高、构型复杂的橡胶制品，广泛采用平板硫化机模压硫化工艺。采用这种方法可同时进行胶料在模具型腔内加压流动成型和胶料在硫化温度及硫化压力下发生硫化反应两个过程。

该法的直接硫化介质是热空气，但实际上又是间接采用饱和蒸汽、电或过热水加热平板或模具的。采用饱和蒸汽可使平板及模具快速、均匀地加热，并可通过调节输入平板的蒸汽压力颇为精确地调节温度。其缺点是热有效系数低（约 5%），在平板孔道内生成水垢后会降低平板温度及其加热均匀性，此外当高温硫化时（$160\sim220℃$），要大幅度升高热力系统的蒸汽压力。而采用电加热，加热速度较快，很容易使平板加热到指定温度，但当温度调节器的调节精度不够时，会造成平板表面温度不一致或偏高偏低等，从而影响制品的硫化质量。

平板硫化的压力通常是由液压（水压或油压）泵提供，常用的压力范围是：低压泵为 $1.5\sim2.0MPa$，高压泵为 $20\sim25MPa$。也有利用螺栓提供压力的。硫化时，先将半成品胶料放入模具型腔中，然后将模型推入平板间，在上下两平板压紧下进行硫化，到所需的硫化效应后取出模具，再取出制品。新型平板硫化机一般装有温度自控装置及机械推模器，以实现自动化操作。此外，为防止橡胶制品与模具粘连，可在模具工作面上涂刷隔离剂，如硅油乳液、肥皂水等；硫化开始时要放气数次，以排除型腔中窝存的空气；为保证胶料充满型腔及良好的致密性，半成品质量要比成品质量大 $2\%\sim3\%$，但硫化后的制品要修剪飞边、胶柱等。

平板硫化机模压硫化工艺的应用范围很广，常用于各种胶带、胶板、密封制品、模压胶鞋以及各种模型制品的硫化。

（2）液压式立式硫化机硫化工艺　液压式立式硫化罐又称罐式硫化机。它是由立式硫化罐与水压机相连的硫化设备，可在水压机的加压作用下同时硫化多个模型橡胶制品。目前，罐式硫化机主要应用于汽车外胎的硫化。硫化时，将汽车外胎或其他大型模型制品的半成品放入模型中，再将模型依次叠放于硫化罐中，由通入罐中的饱和蒸汽直接加热模型，由水压机提供 $13.2MPa$ 的锁模力。此外，还用过热水从制品内部（水胎）加热加压，以保证制品致密、花纹清晰，并使制品受热硫化均匀。

罐式硫化机硫化轮胎外胎的操作程序为：将外胎半成品装模、装罐，装罐完毕盖好罐盖；在水压机提供高压水锁模之后，于水胎中充入过热水，提供外胎硫化时内部的温度和压力，然后向罐内输入饱和蒸汽，直至温度升至预定的硫化温度，并在此温度下持续硫化使之达到正硫化；硫化结束后，先排放出蒸汽，后从水胎排放出过热水，并用冷却水冷却水胎及模型；冷却后卸罐卸模、扒外胎、修胶柱。

此法的优点是设备结构简单，占地面积小，产量大。但过热水和蒸汽消耗量大，劳动强度大，制品易出现硫化程度不均匀的现象。

（3）个体硫化机硫化工艺 个体硫化机是带有固定模型的特殊结构的硫化机，包括从老式的表壳式硫化机到最新式的双模定型硫化机。个体硫化机的最大特征是模型与机体连在一起，半边模型装于固定的下机台，另半边模型装于可动部分。它主要用于硫化大规格的汽车外胎、力车胎外胎以及硫化内胎、垫带、工业制品以及某些品种的胶鞋。

轮胎外胎硫化用的个体硫化机有杠杆式机械硫化机和定型硫化机两大类。杠杆式机械硫化机的动作过程为：将已定型的外胎半成品装上水胎，放入硫化机下半模，再将水胎的气门嘴通过专门装置（管接头）与管路系统连接；用曲柄连杆机构关闭硫化机，将两个半模的模壁合拢；由管路系统先向水胎内腔输入达 1.3MPa 的饱和蒸汽，后输入 2~2.5MPa 压力的过热水（温度为 175~180℃）；模型中的空气通过在模型上的小孔排入蒸汽室，与此同时，向个体硫化机的蒸汽室输送 140~170℃ 的饱和蒸汽；硫化结束后，从水胎排出过热水，从硫化机蒸汽室排出饱和蒸汽（某些场合下要将硫化好的外胎在压力下冷却，为此要向蒸汽室及水胎内腔输送冷却水）；打开硫化机，取出硫化好的外胎。

轮胎外胎硫化广泛使用的个体定型硫化机，因带有可膨胀和收缩的胶囊，起到定型的作用，从而集定型和硫化于一体。与杠杆式机械硫化机相比，具有以下特点。

① 定型与硫化一起进行，简化了工艺，提高了设备生产效率，且定型质量好，对轮胎骨架的损伤性小，为便于定型和缩短硫化时间，硫化前需进行烘胎，使其预热至 70~80℃。

② 胶囊壁厚比水胎的薄，在定型硫化机中还设有热载体的循环系统，所以硫化时间较杠杆式机械个体硫化机短，同样规格的 12.00-18 轮胎，于机械个体硫化机上的硫化总时间若为 85min 时，以定型硫化机硫化只需 70min。

③ 定型硫化机带有专门的后充气冷却装置，这不仅提高了充气冷却效果，还可大大提高生产效率。

④ 定型硫化在机械化、自动化等方面有许多改进和提高，可进一步降低劳动强度。但个体硫化机也存在着占地面积大、设备投资高、不易变换产品规格等缺点。

（4）注压硫化工艺 注压硫化工艺是指将加热的具有良好流动性的胶料通过专门的进胶系统注入闭合的模型，并于模型中硫化的工艺过程。它是借助于注射成型机而实施的一种新型成型硫化工艺方法，主要用于汽车橡胶配件、各种高要求橡胶制品的成型，与平板硫化机模压硫化相比具有许多优点：产品具有很好的密实性、力学性能高、尺寸精度高、质量优异；取消了坯料准备，综合了成型和硫化过程，如使用"非飞边"模具时，硫化后的成品没有飞边、胶柱，无须再作修正，从而简化生产工艺，并节省了胶料；成型周期短，可采用高温快速硫化，具有很高的生产效率，注射过程可以全部自动化，劳动强度降低。尽管注压机和注压模具造价高，但用注射法生产大批量制品的成本仍低于模压法。因此，注射成型硫化方法是橡胶制品生产的一种发展趋势。

注压硫化工艺对于胶料的工艺性能有着严格的要求，胶料在注射温度和注射压力下应具有良好的流动性，流动时的弹性变形要小，充满型腔后的弹性恢复要迅速，以保证硫化后的制品膨胀收缩小，无内应力存在。还要求胶料既有足够的抗焦烧性，又能高速硫化。通常，120℃ 下的焦烧时间为 10~30min，硫化速率为 3~8min 的胶料最适用于注压硫化。表 6-4 示出了注射成型硫化的过程与有关橡胶物理性能。

表 6-4　注射成型硫化过程与有关橡胶物理性能

操作过程	机械动作	控制项目	有关物理性能
计量过程	1.供料装置 2.螺杆旋转 3.注射螺杆后退 4.注射螺杆停止 5.螺杆套后退	1.供料 2.胶料吃入 3.喷嘴积存胶料 4.喷嘴胶料量 5.防止喷嘴端部胶料流出	1.机筒壁与橡胶的摩擦系数、机筒壁表面状态、胶料强度 2.剪切黏性系数 3.密度 4.蠕变
注射填充过程	1.高速(高压)注射(闭环、开环控制) 2.向低速(低压)转换上升的模型填充	向伴随流动、破坏、压力变动、温度上升的模型填充	1.剪切黏性系数(与剪切速率有关) 2.拉伸破坏性能 3.耗散能(生热)
保压过程	1.保压控制 2.发生模型变形 3.保持闭模压力	1.提高模腔压力 2.产生胶边(由压力引起开模和变形、合模面间隙) 3.因硫化引起的流动停止	1.剪切黏性系数(低剪切速率区域,与交联密度有关) 2.弹性模量(与交联密度有关) 3.热膨胀系数、PVT(压力-体积-温度)特性
硫化过程	保压	1.由导热引起硫化 2.因硫化反应生热	1.比热容、热导率 2.硫化特性
脱模过程	1.开模速度控制 2.顶出制品	1.压力释放 2.脱模变形 3.黏膜 4.冷却(收缩)	1.PVT 特性 2.高温下拉伸永久变形 3.流动特性、硫化特性 4.热膨胀系数

橡胶注射成型机常见的有螺杆式、柱塞式、往复螺杆式和螺杆预塑柱塞式等,如图 6-12 所示。

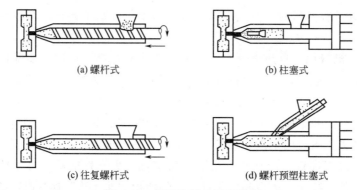

(a) 螺杆式　　　　　　　　　　　(b) 柱塞式

(c) 往复螺杆式　　　　　　　　(d) 螺杆预塑柱塞式

图 6-12　橡胶注射机结构分类

螺杆式注射机实质上相当于带有模具的挤出机,其注射压力较小,为 20～30MPa,适用于加工低黏度(100℃穆尼黏度为 40～50)的简单结构形状的橡胶制品。它属于连续式工作机械,在机筒内可以使胶料进一步塑化和搅拌,而使其温度、黏度均匀一致。但由于胶料在螺杆中的停留时间长,当流动阻力大时就有焦烧的危险。图 6-13 示出了螺杆注射机的操作过程。

柱塞式注射机结构简单、制造方便,造价较低,注射压力大(最高可达 200MPa),注射速度快,充模时间短(5～30s),可注射高黏度(100℃穆尼黏度大于 100)胶料。缺点是间歇式工作机械,加料不便,一次注射量受到限制,并由于没有搅拌装置,不能保证胶料在

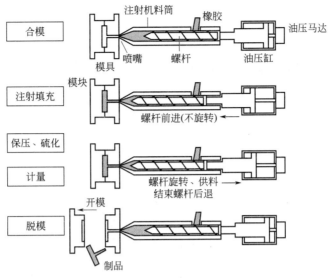

图 6-13　螺杆注射机的操作过程

机筒内均匀加热，注射前必须将胶料预热到 60～70℃。

往复螺杆式注射机综合了螺杆式和柱塞式的优点，胶料可在螺杆中强力剪切塑化，胶料均匀，注射压力为 150～170MPa。但设备复杂、成本高。

螺杆预塑柱塞式注射机的螺杆部件专用于塑化，注射过程由柱塞完成。其最大优点是可以增加注射容量，分别控制塑化和注射的工艺条件。螺杆装置可以对各种胶料充分塑化、混合，而柱塞注射装置能精确地控制注射量，充分提高注射压力。注射压力的提高，使胶料经喷嘴进入模腔时的温度相应提高，有助于减少硫化时间，降低胶料在机筒中的焦烧危险性。这种注射机的造价虽高，但因具有上述优点，所以，大、中、小型制品都在应用。

橡胶注射成型机的工作周期包括，注射供料装置移向模型或后退；将胶料注入模型或将胶料充满注射料筒；打开或闭合模型，从模型中取出制品或硫化制品。由于胶料硫化时间通常大于注射及开闭模时间，因此采用多工位合模装置，以提高生产效率。

下面以立式注射机 V250L 为例（图 6-14），简要介绍注射成型工艺流程。

① 成型之前的工作准备。首先要考虑所用胶料的理化性能、出厂检验标准、温度特性、焦烧时间、硫化时间等因素及采用多大的注射压力较为适宜。设定好塑化参数、硫化时间、硫化温度、注射温度、塑化温度、冷流道温度、注射参数以及排气参数等。

② 确定塑化参数的螺杆转速和液压马达压力。

此机螺杆转速为无级调速，在进料开始时采用低速，再观察胶料塑化情况，相应增大螺杆转速，一般而言，螺杆转速越大，塑化进料能力也越大，温度随之升高，胶料易在挤出端口硫化。所以螺杆转速要结合胶料的种类、塑化温度等条件加以考虑，并且通过实践来确定最佳转速。一般来说，对于汽车配件所用的胶料，常用的塑化速度和压力参数见图 6-15。

③ 确定塑化参数的塑化用量。此机注射容积由柱塞往复行程决定，这一段行程是可以通过改变塑化设定参数值，调节柱塞后退位置而改变，达到设定值时，螺杆停止转动，塑化完成。

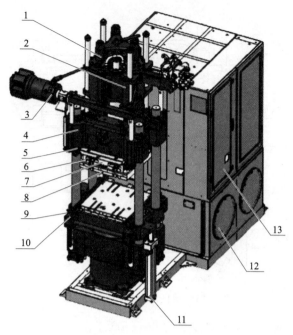

图 6-14　机器结构示意图

1—注射装置；2—注座油缸；3—塑化装置；4—合模主油缸组件；5—液压吊模装置；6—上热板装置；
7—4 咀冷流道（CRB）组件；8—冷流道热板装置；9—下热板装置；10—液压架模装置；
11—快速合模油缸；12—液压系统；13—电气系统

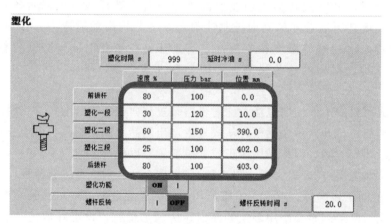

图 6-15　对于汽车配件所用胶料采用的塑化速度和压力参数

$1bar=10^5 Pa$

④ 确定注射速度和压力。注射速度是通过注射油缸的流量来控制的，一般情况下，使用流动性能好的胶料和模具流道及型腔简单的模具，其注射速度可以大些。注射压力是通过注射油缸的压力来控制的，一般情况下，使用流动性能好的胶料和模具流道及型腔简单的模具，其注射压力可以小些。图 6-16 为注射机注射速度和注塑压力的示例。

⑤ 确定注射分段。注射分段是通过注射的位置来控制的，一般而言，注射初始段压力和速度可以大些，随着注射的逐步完成，注射的压力和速度可以逐渐减小。

⑥ 开始成型。参数确定好后，将模式调整为自动模式，启动自动，则第一个成型周期开始。

⑦ 确认制品。一个成型周期完后，取出制品，检查制品质量，若制品不合格，请按第

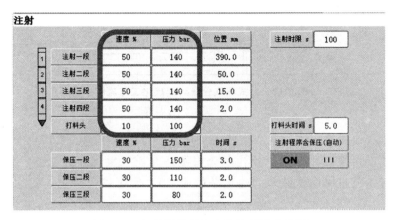

图 6-16 注射机注射速度和注射压力示例

①~⑤步对相关参数进行修正后再进行成型操作直至成型出合格制品；若制品合格，则进行下一步循环成型操作。

⑧ 反复进行制品循环成型操作。按下自动启动按钮，则下一个循环成型周期开始。

21.2.3 连续硫化工艺

随着橡胶压出制品的发展，为提高质量、增加产量，对大量生产的密封条、纯胶胶管、电线电缆等都逐步采用连续硫化工艺。其优点是产品不受长度限制，无重复硫化，能实现连续化、自动化，提高生产效率。常见的连续硫化工艺如下所述。

（1）热空气连续硫化室硫化法　是常见的硫化工艺方法，主要用于硫化胶布、胶片和乳胶制品。让制品连续通过硫化室进行加热硫化。硫化室可分为三段，第一段为预热、升温，将制品加热到硫化温度；第二段为恒温硫化，制品于该段内的停留时间可以通过调节制品运动速度的方法加以调节；第三段为降温冷却，以便于制品的收卷。图 6-17 示出了胶带硫化工艺原理。硫化室可采用间接蒸汽、电、红外线等加热。

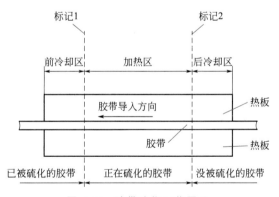

图 6-17 胶带硫化工艺原理

（2）蒸汽管道连续硫化法　此工艺的特点是使制品连续地通过密封的硫化管道进行硫化。硫化管道与挤出机相连，制品经挤出后直接进入硫化管道，管道中通入 1～2.5MPa 高压蒸汽，管道尾部有高压冷却水进行冷却。硫化管道的两端都安装防止高压蒸汽泄漏的装置，一般采用迷宫式垫圈或水封法密封。这种硫化方法主要用于硫化胶管、电缆、电线等制品，工艺流程如图 6-18 所示。

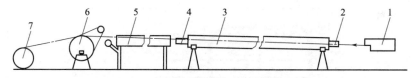

图 6-18　卧式蒸汽管道连续硫化工艺流程

1—挤出机；2,4—防泄装置；3—硫化管道；5—冷却槽；6—牵引装置；7—卷曲装置

（3）液体介质连续硫化法（盐浴连续硫化法）　是使用熔融的低熔点合金或低熔点金属盐作硫化介质的连续硫化方法。硫化时先将硫化介质以电加热至 $180\sim250$℃，然后将半成品迅速通过（通过时间依胶料的硫化条件而定），便可进行硫化。硫化过程如图 6-19 所示。

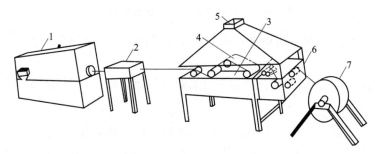

图 6-19　液体介质硫化过程

1—挤出机；2—表面处理；3—胶料；4—环形带；5—排气罩；6—洗净槽；7—卷取

由于熔融合金或熔融盐的密度很大（ 1926kg/m^3 ），因而必须用钢带将半成品型材压浸入熔融液中。由于熔融液传热很快，能使半成品迅速受热硫化，在 $180\sim250$℃下以 $10\sim15\text{m/min}$ 速度压出硫化制品。但存在易使薄制品和空心制品变形的缺陷。此法常用于胶管、胶条、电缆以及其他型材的硫化。

（4）沸腾床连续硫化法　"沸腾床"是指在热空气流中悬浮直径为 $0.15\sim0.25\text{mm}$ 的玻璃珠或粒径为 $0.2\sim0.3\text{mm}$ 的石英砂为硫化介质的装置。在受热空气流的吹动下，固体粒子悬浮于气体中往复翻动，形成沸腾状态的加热床。呈沸腾状态的介质可以像液体一样流动，并具有良好的传热性能，可以硫化压出橡胶制品。

与热空气连续硫化法相比，由于沸腾床的热导率比空气大 $50\sim100$ 倍，所以硫化速率快，硫化装置也小。与盐浴连续硫化法相比，沸腾床使硫化介质呈悬浮状态的空气压力是很低的（层高 0.15mm 时的压力为 $1.7\sim1.8\text{kPa}$ ），它不会发生使制品截面受压变形的情况，可以硫化复杂型面的空心制品和海绵型材。为防止悬浮热载体粘在硫化制品上，需将压出后的半成品用隔离剂（滑石粉）处理。

（5）硫化鼓连续硫化法　鼓式硫化机是平板硫化机的一种发展，主要由硫化鼓、加压钢带、长度调节轮、电热装置、传动机构及机架等构成，如图 6-20 所示。其特点是以一圆鼓进行加热（圆鼓内蒸汽或电加热），圆鼓外绕着环形钢带，制品放于圆鼓和钢带间进行加热硫化。钢带起加压作用，压力可达 $0.5\sim1\text{MPa}$ 。为使制品两侧均匀受热和硫化，钢带外侧用电加热。圆鼓可以转动，转速可根据制品硫化条件在 $1\sim20\text{m/min}$ 的范围内调节。它主要应用于胶板、胶带、三角带等的连续硫化。

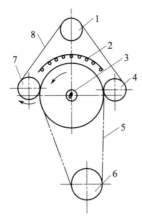

图 6-20　三角带鼓式硫化机

1—钢丝带张紧辊；2—电加热器；3—蒸汽进出口管；4—钢带支撑辊；

5—三角带；6—伸张轮；7—主动轴；8—钢带

（6）高频及微波硫化法　高频及微波硫化是橡胶分别在 10～15MHz 及 915MHz 或 2450MHz 的高频交变电场及微波（超高频）作用下本身发热而硫化，从而克服通常采用的加热介质热传导所造成的表里温差，有利于提高橡胶制品的硫化质量，可连续化、自动化，缩短硫化时间。特别是对厚壁制品的硫化，如载重车胎和大型越野轮胎经微波加热后，能减少 1/3 以上的硫化时间；对压出制品进行连续硫化，若硫化前经微波预热，可缩短硫化床的长度。另外，不需要任何价格昂贵的热介质，不存在介质的回收和处理，所以热能消耗仅为其他连续硫化方法的 20% 左右。

表 6-5 列出了常见连续硫化方法。

表 6-5　常见连续硫化方法

连续硫化方法		适用制品	加热介质	温度
直接蒸汽连续硫化	卧式、悬挂式、立式	电线、电缆	压力水蒸气 1.5～2.0MPa	200℃
常压连续硫化	液体浸渍法	胶管、窗框密封条、刮水器	甘油、聚乙二醇、石蜡系烃、硅油	在甘油中 160～180℃
	盐浴法	胶管、窗框密封条、刮水器	KNO_3 和 $NaNO_3$、$NaNO_2$ 的共融盐	160～250℃
	流化床法	胶管、窗框密封条、刮水器	热空气+微玻璃球	160～200℃
	高频法	胶管、窗框密封条、刮水器	高频波或微波 300～3000Hz 超高频	180～200℃
	热空气硫化法	胶带	热空气	160～200℃
连续硫化平板机	鼓式硫化机 胶带平板硫化机	胶板类	金属鼓、金属带之间	200℃以上

【橡胶硫化时引入新技术，不仅能提高生产效率，更为精密产品的制造提供保障。作为新时代的橡胶硫化从业者，要积极拥抱变革，勇于探索新技术背后的无限可能。通过学习先进的硫化技术，如电子束硫化等，我们不仅要理解其工作原理和应用场景，更要思考如何将这些技术与现有工艺相结合，创造出新的解决方案。我们要做具有创新精神和实践能力的开拓者，以创新驱动橡胶工业的可持续发展。】

任务 22 硫化工艺质量问题分析

微课扫一扫
硫化工艺质量
问题分析

　　硫化质量与胶料的流动性、硫化设备及工艺操作等有着密切关系。常见的硫化质量缺陷与改进措施如表 6-6 所示。

表 6-6　常见硫化质量缺陷及改进措施

质量缺陷	产生原因	改进措施
缺胶	1.硫化条件不当:压力不足,模温过高 2.配方设计不当:焦烧期太短,流动性不好 3.模具设计不当:逃胶口位置,孔径不当,死角 4.操作不当:预成型方法不当,回炼不够,填胶不满,保压时间短 5.脱模剂使用过多 6.产品结构设计不当	1.提高压力;降低模温 2.调整配方提高胶料加工安全性或烘热坯料提高流动性 3.调整产品模具 4.增加回炼次数,加足装胶量,适当增加保压时间 5.控制脱模剂使用量 6.优化产品结构
闷气明疤	1.橡胶与模具表面之间的空气无法逸出 2.合模过快空气来不及逸出 3.胶料沾上油污	1.加开排气槽或改进模具结构 2.慢合模或加压后回松使空气排出 3.防止胶料沾油污
胶层起泡或称海绵状	1.压力不足 2.原材料挥发分或水分太多 3.模内积水或胶料沾水、沾污 4.压出或压延中胶料夹入空气 5.胶料黏性差或喷霜 6.硫化温度和某些原材料不匹配 7.欠硫 8.模具结构设计不利于排气	1.提高压力 2.调整配方,加强原材料干燥处理 3.清除模内积水,坯料预热干燥并防止沾污 4.改进压出、压延条件,胶料硫化前用针挑破气泡 5.改进配方,减少喷霜物用量,增加胶料的黏性 6.调整硫化温度 7.调整工艺使胶料处于正硫化 8.优化模具结构
接头开裂	1.压力不足或波动 2.胶料不新鲜,喷霜或沾油污或硅油过多 3.胶料焦烧时间太短	1.调整压力 2.重新热炼胶料,做好坯料清洁工作 3.调整胶料配方
表面重皮	1.胶料早期焦烧,流动性变差 2.平板口隔离剂较多,不能完全挥发,影响胶料黏合 3.成型形状不合理	1.调整配方减慢硫化速率或适当降低硫化温度 2.隔离剂用量适宜,且涂覆均匀 3.改进成型形状,保证各部位胶料同时与模具接触
撕裂	1.过硫 2.硫化温度过高,产品抗撕裂性能下降 3.型腔粗糙或胶料粘模 4.启模时受力不均 5.模具配合太紧,起模时废边被模具卡住,易从产品与废边间撕开 6.交联密度过大,易变脆撕裂	1.降低硫化温度,缩短硫化时间,也可以改进配方 2.适当控制硫化温度 3.处理型腔,添加适量加工助剂 4.启模时受力均匀 5.模具配合松紧合适 6.改进配方硫化体系
色泽不均匀,有水渍斑点	1.升温过急,受冷凝水或水蒸气的冲击 2.压缩空气带水 3.平板温度不均匀	1.慢升温 2.压缩空气经过干燥去水处理 3.清除平板内水垢,使平板温度均匀
喷硫/喷霜	1.严重欠硫 2.某些易喷出的配合剂用量过高	1.增加硫化时间 2.调整配方

质量缺陷	产生原因	改进措施
橡胶金属黏合不牢	1.胶料配方设计不当:油类软化剂多,硫化体系不当,内脱模剂或硬脂酸多 2.胶黏剂不当:涂刷不均,搅拌不均,黏度不适,选用不当(胶种不同、骨架材料不同,选用不同胶黏剂),涂刷太厚或太薄,未干透,已失效 3.金属表面处理不好:表面有灰尘,喷砂不彻底,表面返锈,表面脱脂,磷化处理不好 4.硫化过程:压力不够,温度不到,二次污染,胶黏剂成型前已固化,装卸模时间过长 5.隔离剂使用不当:用量过多,涂抹位置不对,品种不合适 6.处理后储存、搬运不当:储存时间太长,环境温度、湿度不当,二次污染	1.优化胶料配方:控制软化剂、硬脂酸等用量,调整硫化体系使胶料具有较好的流动性 2.选用适宜的胶黏剂并控制涂刷工艺 3.将金属表面处理好 4.调整硫化工艺条件,避免二次污染,控制装卸模时间 5.合理使用隔离剂 6.合理控制储存时间、环境温度湿度等方面

【针对橡胶硫化过程中出现的质量问题,我们不仅要学习技术知识,更要深化对质量意识的理解和重视。质量是企业的生命,是产品竞争力的核心。我们要认识到,每一个硫化环节的疏忽都可能导致产品质量下降,影响产品的市场竞争力。作为一名未来的工程师或技术人员,要树立强烈的质量意识,始终保持对产品质量的敬畏之心,严谨细致地对待每一个生产细节,培养精益求精、追求卓越的职业素养,为推动橡胶工业高质量发展贡献自己的力量。】

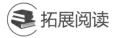

拓展阅读

一种橡胶"绿色交联"策略[❶]

橡胶工业广泛使用的交联方法如硫黄硫化、过氧化物硫化等传统硫化方法存在难以避免的问题:①交联体系中会不可避免地使用有毒的物质;②交联反应过程会释放有毒且难闻的"硫化烟气"。一方面,这会对人的健康造成极大的危害,另一方面,残留在橡胶制品上的难闻气味还会影响用户的使用体验;③废弃的橡胶制品回收利用十分困难,带来严重的黑色污染。

针对上述问题,张立群院士在国际上提出了橡胶材料"绿色交联"的概念以及设计策略。在进行新型绿色交联体系的设计时,研究团队将交联反应落脚于环氧基团与羧基之间的反应,主要原因可以归结于以下几个方面:①环氧与羧基之间有着比较合适的反应活性,非常适合于橡胶的硫化加工过程,从而可以得到一种兼顾焦烧安全性和交联效率的交联体系;②环氧化和羧基化橡胶比较容易实现工业化制备,并且已经有商品化的产品,如环氧化天然橡胶(ENR)和羧基化丁腈橡胶(XNBR);③基于环氧基团与羧基之间的反应,可以构建一个"酯基"交联网络结构。在酸或碱的催化下,交联结构中的"酯基"被选择性地断开,从而得到一种温和且高效的橡胶回收再利用的方法(如图6-21所示)。因此,该新型绿色交联策略可以使橡胶材料实现绿色且高效的交联,还能有利于废橡胶高效回收再利用。

❶ 张刚刚,冯皓然,宋维晓,等.橡胶绿色交联策略研究进展——应对硫化污染问题及废橡胶的高值回收[J].高分子材料科学与工程,2021,37(01):267-276.

Zhang G G,Zhou X X,Zhang L Q. Current issues for rubber crosslinking and its future trends of green chemistry strategy[J].Express Polymer Letters,2019,13:406-406.

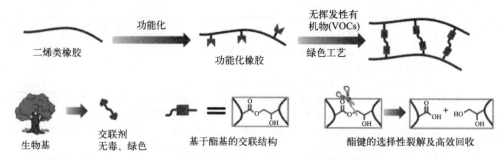

图 6-21 基于"酯基"的二烯类橡胶绿色硫化策略

 课后训练

1.什么叫硫化？硫化的三要素是什么？对硫化三要素控制不当，会造成什么后果？

2.何谓正硫化和正硫化时间？工艺正硫化和理论正硫化的区别在哪儿？

3.正硫化时间的测定方法有哪几种？有什么不同？

4.某一胶料的硫化温度系数为 2，当硫化温度为 137℃时，测出其正硫化时间为 80min，若将硫化温度提高到 140℃，求在该温度下达到正硫化所需要的时间。

5.上述第 4 题胶料的正硫化时间要缩短到 60min 时，应选用的硫化温度是多少？

6.某胶料的硫化温度系数为 2，在实验室用试片测定，在硫化温度为 143℃时的硫化平坦时间为 20~80min，该胶料在 141℃下于模型中硫化了 70min，是否达到正硫化？请予分析。

7.今有以下规格轮胎，断面尺寸：胎冠厚 30mm，缓冲胶厚 4mm；每层帘布胶厚 1.5mm，共 10 层，其胎面胶料试片正硫化条件为 155℃×8min，胶料的热扩散系数为 $1.31×10^{-3}$ cm^2/s，帘布层热扩散系数为 $1.11×10^{-3}$ cm^2/s，求成品硫化时间。

8.如要硫化轮胎外胎、布面胶鞋、纯胶管、油封，试选择上述各制品的最佳硫化介质、硫化设备和硫化工艺方法。

9.某模压硫化制品出现下列质量问题：（a）缺胶；（b）表面喷霜；（c）撕裂；（d）起泡。分析产生的原因，并提出改进措施。

参 考 文 献

［1］杨清芝.实用橡胶工艺学［M］.北京：化学工业出版社，2011.

［2］王文英.橡胶加工工艺［M］.北京：化学工业出版社，1993.

［3］杨清芝.现代橡胶工艺学［M］.北京：中国石化出版社，1997.

［4］聂恒凯.橡胶通用工艺［M］.北京：化学工业出版社，2009.

［5］王作龄.最新橡胶工艺原理［J］.世界橡胶工业，2002，29（4）：54-58.

［6］丛后罗，侯亚合.橡胶材料与配方［M］.4版.北京：化学工业出版社，2015.

［7］刘希春，刘巨源.橡胶加工设备与模具［M］.2版.北京：化学工业出版社，2015.

［8］吕柏源.橡胶工业手册（橡胶机械）［M］.北京：化学工业出版社，2014.

［9］梁星宇，周木英.橡胶工业手册［M］.北京：化学工业出版社，1992.

［10］吕百龄.实用橡胶手册［M］.2版.北京：化学工业出版社，2010.

［11］王者辉，孙红.橡胶加工工艺［M］.北京：化学工业出版社，2021.

［12］杜爱华.橡胶工艺学［M］.北京：化学工业出版社，2022.